| 漫绘小家系列 |

家居装修必知的
200 个要点

筑美设计　编

U0261301

中国电力出版社
CHINA ELECTRIC POWER PRESS

内 容 提 要

　　本书以手绘漫画与图解的形式向读者展现了在装修过程中需要注意的200个要点，手绘漫画图让文字更加形象生动。本书介绍了水电工、泥工、木工、油漆工以及家具采购、陈设等方面的知识，将许多在装修中还未被重视的问题提到了台面上，使读者能够在装修时有所重视与借鉴。本书不仅介绍了装修四大工程的操作细节，还详细标注了各类构造、家具的尺寸，方便读者在设计与选购时能够有所参考。

　　本书适合装饰装修设计师、装修业主阅读，也适合对装修感兴趣且准备装修的读者阅读。

图书在版编目（CIP）数据

　　家居装修必知的 200 个要点 / 筑美设计编 ． — 北京：中国电力
出版社，2019.10
　　（漫绘小家系列）
　　ISBN 978-7-5198-3452-4

　　Ⅰ．①家…　Ⅱ．①筑…　Ⅲ．①住宅－室内装修－建筑设计－
图解　Ⅳ．① TU767-64

　　中国版本图书馆 CIP 数据核字（2019）第 148957 号

出版发行：中国电力出版社
地　　址：北京市东城区北京站西街 19 号（邮政编码 100005）
网　　址：http://www.cepp.sgcc.com.cn
责任编辑：乐　苑　（010-63412380）
责任校对：黄　蓓　马　宁
责任印制：杨晓东

印　　刷：北京盛通印刷股份有限公司
版　　次：2019 年 10 月第一版
印　　次：2019 年 10 月北京第一次印刷
开　　本：880mm×1230mm　32 开本
印　　张：7.75
字　　数：208 千字
定　　价：68.00 元

前　言

随着社会经济水平和人们生活水平不断提高，买房子的人也越来越多，他们对于房子装修的问题也越来越看重。市场上的装修公司众多，装修业主们看过的样板房数不胜数，如何装修才能让自家的房子脱颖而出，与众不同而又紧跟时代潮流，实在是难。

同小区、同户型的房子实在太多，基本的装修项目都是那么几项，无外乎水电、泥工、木工和油漆工，要想有所不同，就要在这几项里下手，在遵守基本的设计原则的基础上，必定要加上属于自己的习惯与特征，这套房子才算是拥有了个人特色。

从墙面色彩的定稿到灯具、家具的选择，都得相互协调、相互搭配，软装陈设的个性设计，无一不在彰显着屋主人居家空间与其他住宅空间的不同，各类灯饰、艺术品也极大地丰富了室内空间，即使是多余的瓷砖废料，只要用心，也能成为装点空间的有力武器。

装修要点无处不在，数不胜数，这里我们总结出200个要点分享给大家，希望能帮助大家提升装修质量与生活品质，装修出不一样的房子。相信书中直观且戏剧化的手绘漫画能在轻松愉悦的状态下助您解决装修难题。

本书从装修的水电、铺装、构造、涂饰这四大项目逐一列项说明，以缜密的逻辑贯通全书，将装修中会遇到的众多问题逐一拆解说明，手绘漫画图给全书增添了许多趣味，使读者在阅读时也能感受到愉悦与快乐，让将要装修的人，对接下来的装修工程充满期待，期待着迎接一个属于自己的独特的新居。

编者

2019.9

目　录

Chapter

3

水泥浆的逆袭 / 079

储物与天花的大畅想 / 109

Chapter 5

我的粉刷我做主 / 157

Chapter

1

我要装修了

识读难度：★☆☆☆☆

核心概念：闭水试验、基本准备、地漏、
选择装修公司、确定装修风格

1.1 办理装修入场手续

◎ 去哪里办理装修入场手续呢?

☆ 物业管理处可以办理,具体细节可以咨询物业工作人员。

◎ 办理装修入场手续需要带什么吗?

☆ 一般需要装修公司负责人的身份证原件与复印件、业主身份证原件与复印件、装修公司营业执照复印件、装修公司资质等级证书复印件,还有装修押金。

1.2　做好交房前闭水试验

◎ 为什么交房前要做闭水试验呢？

☆ 为了检查新房的防水是否已经做到位呗。

◎ 闭水试验怎么做呢？

☆ 物业人员会在交房时告知，重点是要明确卫生间和厨房地面是要做
24h闭水试验的，这点要和物业人员沟通好，让他们派人做好。

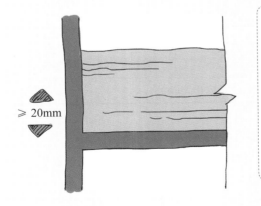

进行闭水试验时要注意蓄水深度不小于20mm，前期每隔1h要到楼下检查一次，后期每隔2～3h到楼下检查一次。若发现漏水情况，应立即停止闭水试验

1.3 房屋尺寸的再次确定

明明图纸上柜子的尺寸是对的，偏偏预算书上的工程量不对，是设计师算错了还是自己记错了，真愁人。

1 制作的衣柜尺寸

2 板材规格

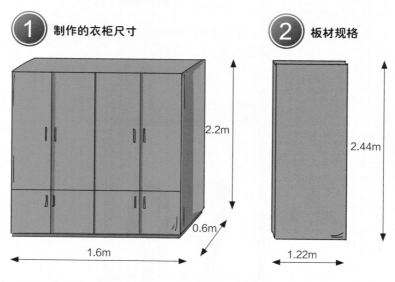

2.2m

0.6m

1.6m

2.44m

1.22m

3 精确计算

衣柜价格计算

序号	项目名称	工程量	单 价	合 计
12	××衣柜	4.2m^2	750元	3150元
备注：$1.6 \times 2.2 = 3.52 \times 1.2$倍（超宽100mm）				

补充小贴士

一般柜子工程量的计算与其造型也有很大关系，造型越复杂，造价越贵，这一点要提前做好了解。

与其纠结到头疼，不如亲自量度并记录房屋内可供使用的各个尺寸，毕竟这些尺寸关乎未来你的房子是否能够成为你梦想中的城堡，虽然有些麻烦。

1 电子测距尺

电子测距尺使用方便，测距速度快，但是不便于测量较小的局部构造，购买价格98元/个（40m）

2 卷尺

卷尺测量速度快，容易划伤手，建议戴上手套后再测量，购买价格10元/个（5m）

3 测距部位

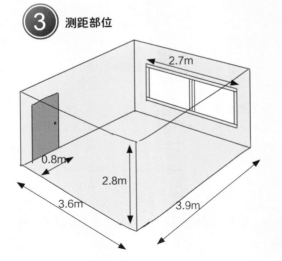

2.7m

0.8m

2.8m

3.6m

3.9m

测量房间尺寸时一般要重点测量这几处：总体的长宽高尺寸、卫生间下沉深度、地漏的具体位置、水管的具体位置、梁宽及梁高等

1.4　装修风格的确定

◎ 为什么一定要提前确定装修风格？

☆ 想想未来你的房子卫生间是波西米亚风格，而客厅是地中海风格，糟心吧！

◎ 可以选择混搭风格吗？

☆ 那就取决于你的房子有多大，太小的房子还是不要考虑了，太乱。

◎ 怎么选择风格定下来？

☆ 多在网上搜搜图，装修公司也有样板间，可以去看看，建议听听设计师的建议，最后选择自己喜欢又比较合适的风格。

1 中式风格

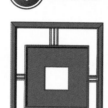

充分结合中国古典元素的设计

2 欧式风格

比较典型的是罗马柱和圆弧形造型，优雅气质十足

3 田园风格

以自然元素为主，多以碎花进行装饰

4 地中海风格

以绚烂的蓝色为主，格调清新自然，使人感觉舒适

对于面积较小的房屋，统一的风格更能凸显格调，不仅更经济，而且整体视觉也更有美感。

1.5 施工人员的重要性

◎ 怎么才能知道施工人员好不好呢?

☆ 去施工的工地看看师傅的手艺如何,首先是责任心,其次才是水平。

◎ 哪些地方的施工师傅要重点选择呢?

☆ 最容易出现质量问题的地方是水电改造和厨卫防水,所以要重点关注水电工和泥工师傅。

 从水电上看

> 强电(红色线管)与弱电(蓝色线管)平行间距应不小于0.3m,横平竖直不交叉,穿线管对接平直,暗盒槽口平整,电线缠绕有序,说明施工质量很好

 从贴砖上看

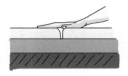

用手掌触摸砖的十字对角处,无明显的凸起感说明砖贴得很好

1.6 价格的综合考虑

在我国二线城市，一套80~90m²的房子买下来大概是一百多万元，整体装修下来差不多要十几万元，简直是烧钱，但这又是必须的。想找个价格低的公司，又担心便宜没好货，真是纠结。

不如静下心，好好看看预算书，该买的就买，该花的钱就花，想想未来几十年可能你都要住在这里，还是好好地装修吧。

了解下板材的环保等级吧！

板子变柜子

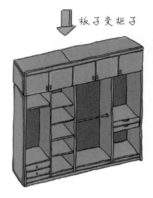

E0：是指甲醛含量小于或等于0.5mg/L，环保系数相当高

E1：是指甲醛含量小于或等于1.5mg/L，属于国家强制性的健康标准

E2：是指甲醛含量小于或等于0.5mg/L，这已经超出了国家的标准，E2级的产品必须经过饰面处理之后才能用于室内的装饰

要清楚你要做哪些装修项目，对比一下价格并综合考虑各种因素后再决定有哪些项目要外包，哪些项目要请装修公司做。仔细看预算书中各项内容，每个项目所用的材料、规格、品牌等，要将每一分钱都用在刀刃上，建议让装修公司帮忙列一个购物清单。

补充小贴士

板材的价格对比

级别	品牌	价格（元/m²）	级别	品牌	价格（元/m²）
E0级	兔宝宝	255	E1级	兔宝宝	210
	福汉	225		福汉	185
	伟业	195		伟业	160

1.7 设计一些实用的东西

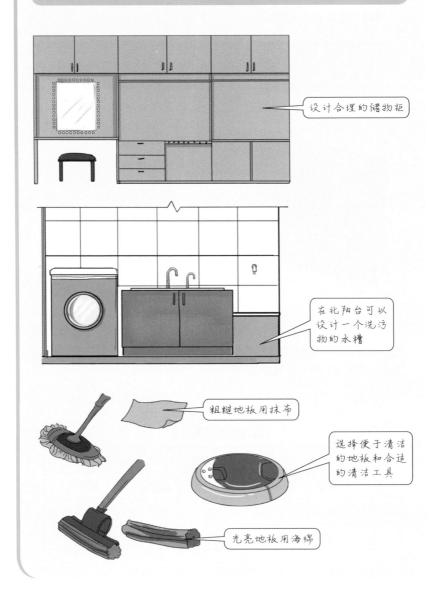

设计合理的储物柜

在北阳台可以设计一个洗污物的水槽

粗糙地板用抹布

选择便于清洁的地板和合适的清洁工具

光亮地板用海绵

1.8 货比三家

◎ 是装修公司装修好还是自己找人装修好呢?

☆ 各有各的优点，装修公司相对来说比较正规，不用自己操太多心，就是有的价格比较贵。

◎ 怎么才能选择一个好的装修公司呢?

☆ 稳住自己的内心，不要被设计师规划的蓝图诱惑，一定要多对比几家，从每家的设计中提取出真正有用的东西，关键是你自己想把家装扮成什么样子。

1 比质量

E0

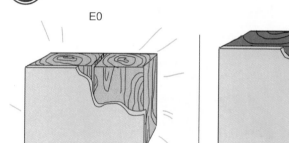

E1

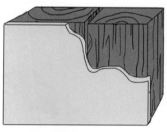

VS

区别板材：一是看品牌，E0级的比E1级的质量要好；二是看板材的质地，观察其表面是否有不规则纹路，是否有光泽，触摸时手感是否粗糙等

② 比价格

区别价格在于是市场单价还是批发价发售，建议到不同建材市场看看，是否价格有所不同，一般E0级板材相对E1级要贵几十元

③ 比服务

区别在于其售前及售后服务，售前态度是否良好，各方面是否介绍到位；售后是否能送货上门，并能处理售后的相关问题

1.9 了解清楚装修的施工工序

◎ 都交给装修公司了为什么还要知道施工工序？

☆ 多了解一些，自己心里有个谱，也可以知道装修大概需要多长时间，好去购买相关材料。

◎ 是否需要在合同中注明务必等水电改造完成后木工才能进场吗？

☆ 需要，这样你就可以不必同时关注这两件事情，毕竟水电改造是隐蔽性工程，需要专心做好。

装修的施工工序

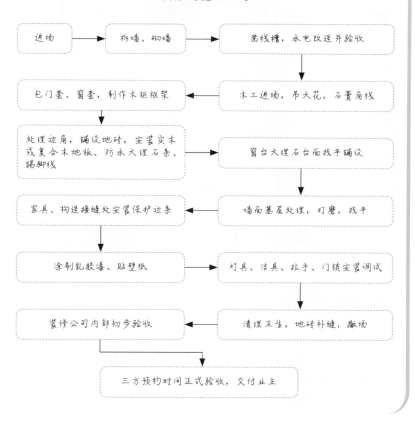

1.10 提前在网上搜集资料

　　装修最纠结的不过是风格的确定，觉得每一种风格都很有特色，好不容易确定了风格，又要选择搭配的主材与配饰，选择困难症的人表示想哭。

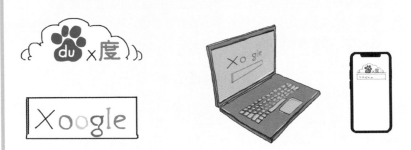

　　最省心的方式是利用网上的资源

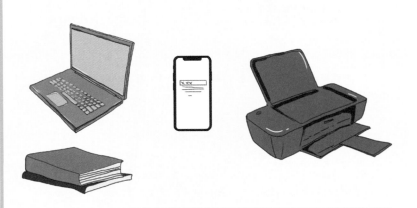

　　收集、存留、整理整合，准备一台打印机，随时将搜集的素材、资料打印出来，将来一定会派上大用场

一库在手，装修不愁。

中式风格	地中海风格	日式风格	韩式风格	新中式风格
北欧风格	简欧风格	美式乡村风格	法式田园风格	台式风格

装修风格参考图片库，如主材库、家具库、地板库、瓷砖库、洁具库、橱柜库、饰品库、灯具库、布艺库等。

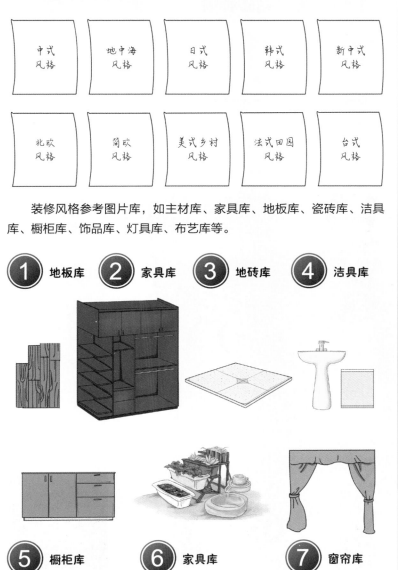

1 地板库　　2 家具库　　3 地砖库　　4 洁具库

5 橱柜库　　6 家具库　　7 窗帘库

1.11 统一贴砖师傅

◎ 为什么要统一贴砖师傅?

☆ 两个人做的话,可能会因为两者风格不一样导致贴出来的效果有差别。

◎ 怎么确定贴砖师傅是同一个人?

☆ 提前在合同里注明,一般装修公司不会作假,毕竟最后出来的效果肉
眼看得出来。

1.12 做好打压和电路测试

　　装修公司进场施工前必须对水管进行打压测试，看看水管的质量如何，需不需要更换，这是装修的大工程，要格外重视。

① **水路**

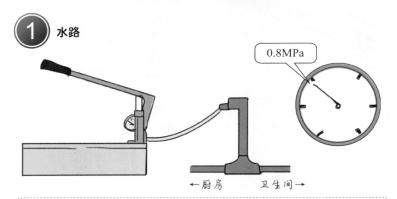

0.8MPa

←厨房　　卫生间→

打0.8MPa水压，并进行15min测试，如果压力表指针没有变动，则可以放心改水管;反之则不得改管，必须先通知物业公司，请物业公司派人进行检修处理，待打压正常后，方可进行改管

② **电路**

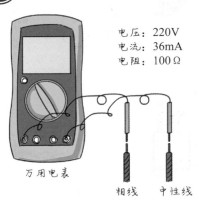

电压：220V
电流：36mA
电阻：100Ω

电路测试也是必须要做的，看看走线是否正确，确保后期进行电路改造时不会出现短路事故

万用电表

相线　　中性线

防止电线破损的有效方法是在外部套上绝缘穿线管

进行此操作时注意安全，保证手是在干燥的，最好戴上绝缘手套

1 绝缘手套　　**2** 绝缘鞋　　**3** 绝缘衣

可以用装有插座的灯泡进行测试，灯泡亮即可

1.13 关于地漏

◎ 为什么要确定地漏的位置？

☆ 原有的地漏不一定符合生活的需要，确定地漏的位置是为了更方便排水。

◎ 装地漏时要注意什么？

☆ 地漏最好位于地砖的一边，如果地漏处原来房屋开发商已经安装了妨臭的"碗"，千万别取出来。

地漏不要放在地砖中间，如果在中间位置的话，无论地砖怎么样倾斜，地漏都不会是最低点

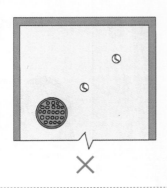

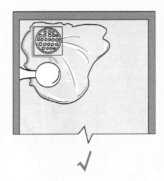

可以利用滚珠检验所定的地漏位置是否是最低点。地漏不宜安装在活动区，也不宜安装在不便清扫的地方，注意淋浴区的地漏应"就近就低"安装

1.14　关于墙面处理

◎墙面很干净，为什么还要再处理？

☆要根据墙体情况确定是否要将原来的批灰全部铲掉，避免后期与油漆工程产生矛盾。

◎装修前具体怎么处理原来的墙面？

☆让装修队长分析墙面应如何处理，提前处理好墙面，该铲的铲，该重新批灰的地方就重新批灰。

 铲墙皮

 不铲墙皮

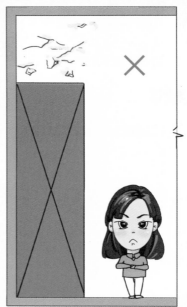

如果不提前将原来的批灰铲掉，可能后期涂刷乳胶漆或者打柜子时墙面批灰会脱落，影响后期施工

1.15 关于开槽

要注意开槽时不能损坏承重墙和地面现浇部分，但是可以适量打掉批荡层，承重墙上可以按需安装线盒，但必须以不破坏墙内钢筋结构为前提。

 开槽时要先预留好槽面宽度

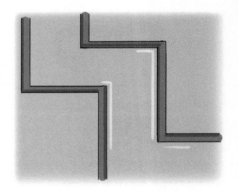

可以先用墨线标记出大致的位置，然后再依据标记开槽。开槽是一项需要十分耐心并且技术性较高的工作，非专业人员禁止使用开槽机，以免被刀片误伤

② 开槽要稳，调整设备前要断掉电源

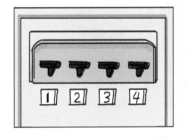

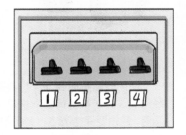

电源开关处于开启状态

电源开关处于关闭状态

使用开槽机时手要握稳，要戴防护手套，注意安全。由于开槽机噪声较大，建议施工时戴上护耳罩，同时高速作业时，为了避免碎石进入人眼中，建议施工时戴上护目镜和防尘口罩。

① 防护手套

② 护目镜

③ 护耳罩

④ 防尘口罩

补充小贴士

使用开槽机时要注意机器的保养与润滑，要保证油槽油位，并经常滴注；送料器传动滑块每班要加油一次；连接齿轮要经常加油润滑，各轴要保持清洁，经常用机油擦拭；调节涡杆也需要定期润滑。此外运转轴承每半年至一年要检修一次，并加满钙基脂黄油，以确保安全使用。

终于要装修了！

Chapter

水电开工进行时

识读难度： ★★★★☆

核心概念： 沟通、开关和插座布设、电线选择、水管选择、基本处理、开槽、合理布线、验收

2.1 水电改造前做好沟通

　　水电改造的第一步是水电定位，也就是根据自身需要确定全屋开关插座的位置以及水路接口的位置，在水电改造封墙前，一定要让装修公司提供详细的水电线路图。

 预留插座的位置

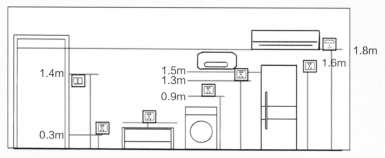

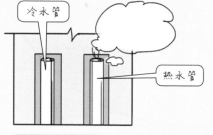 **水管的布设**

> 冷热水管要分开布设，冷水管埋管后的抹灰层厚度要大于10mm，热水管埋管后的抹灰层厚度要大于15mm

补充小贴士

　　水电工要根据开关插座和水龙头的位置在墙上画出电线和水管的走向线，也就是布置线路，记得向你的装修公司要水电图，让水电工按图把线路的走向给你讲清楚，别怕麻烦。

2.2 确定好灯具的位置

◎ 怎么确定好灯具的位置？

☆ 首先，提前设想哪里需要额外增加灯具，要同装修公司沟通好相关细节，以便确定开关、插座的位置，再进行电路定位，预留出灯具的位置。

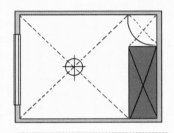

电路改造中，要注意新埋线和换线的价格是不一样的，换线价格稍贵一点

不计到顶衣柜的面积，在顶面绘制对角线，灯具安装在对角线的交点处

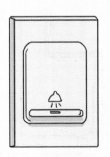

如果是旧房改造，没有对灯具预留开关位置，可以选用无线遥控开关，在遥控开关控制器中安装电池，即可在任意墙面的任意高度上粘贴，将另一端安装在灯具上即可

2.3　确定好插座的位置

◎ 怎么确定好插座的位置?

☆ 依据全屋设计计算好插座的高度以及插座之间的间距,以此来确定插座的位置。

 插座被遮挡

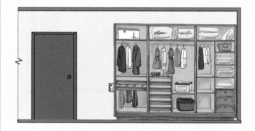

> 如果插座的位置没有确定好,可能会和后期家具的位置发生冲突,导致插座不能得到正常使用

② 插座可以使用

普通插座　　🔌
空调插座　　🔌ᴷ
电视插座　　🔌ᵀⱽ
网线插座　　🔌ᴱ
强电配电箱　▭
弱电配电箱　▭

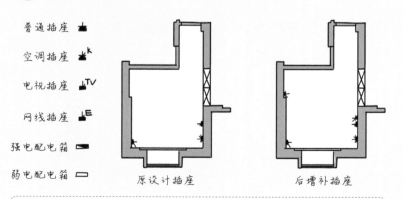

　　　原设计插座　　　　　　　后增补插座

> 在正式开工之前,一定要确定好插座的具体位置以及后期是否有新增插座的打算,方便施工布线

028

2.4 开关、插座要在同一水平线上

◎ 如何保证开关、插座在同一水平线上?

☆ 从视觉上，整体开关、插座布局处于同一水平线上，整体统一度较高。

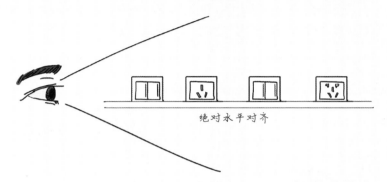

绝对水平对齐

全屋的开关、插座应基本处于同一水平位置，这样布设首先是可以保证整体空间的美观度，此外也方便布线

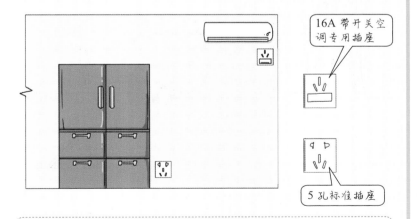

16A 带开关空调专用插座

5 孔标准插座

特殊插座如空调插座、冰箱插座及有特殊要求的例外

2.5　客厅安装插座注意事项

　　客厅里应尽量多安装电源插头，可以考虑采用安装在地面的金属插座，这种插座价格比较贵，平时与地面齐平，脚一踩就可以把插座弹出来，非常方便，适合大的客厅，也可以在餐厅餐桌的下面安装插座，可以防止来回走动时挂动电线，这种插座非常适合喜欢吃火锅的朋友哦。

使用状态

不使用状态

2.6 电视背景墙插座的设置

◎ 电视背景墙插座一般设置几个比较好呢?

☆ 最少要有3个插座,以供电视机、有线电视和其他外接设备使用,还要为DVD、体感游戏机、音响、机顶盒、无线网络等电器预留插座。

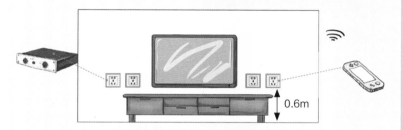

电视背景墙处的插座还要考虑到液晶电视的屏幕大小,确保安装电视后,插座不会被遮挡住,同时还需考虑到电压,确保插座可以带动众多电器正常运行

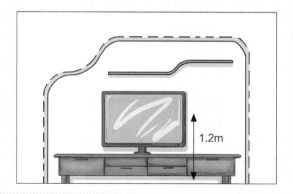

客厅电视背景墙的插座设置必须要先了解电视柜的基本数据,切忌不清楚尺寸胡乱设置插座,这样会导致插座完全被电视柜挡住,电视机屏幕的水平中线距离地面高度应该约为1.2m

电视机如果放在电视柜上，插座高度建议设置为离地0.3m；如果是壁挂电视，插座高度建议设置为离地1.1m，当然电视机的插座高度也和电视机的尺寸有很大的关系，尺寸很大的要直接询问电视机销售方，具体情况具体对待。

 立式电视机背景墙插座设置

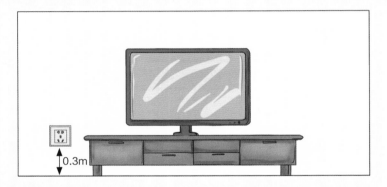

 壁挂电视机背景墙插座设置

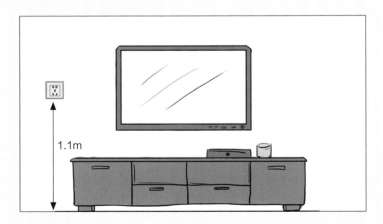

2.7 阳台要预留插座

◎ 阳台上可以不留插座吗？

☆ 建议还是预留，因为未来家庭用洗衣机可能会放置在阳台或者需要在阳台做些其他的事情的时候会需要插座。

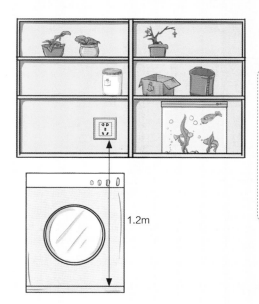

1.2m

洗衣机属于大功率电器，建议使用单独的三相插座，以防止电路总功率过大而导致跳闸，洗衣机电源插座高度宜设置为距地1.2m处

阳台上安装插座时一定要给插座安装配套的防水盒，这一方面是为了防止明水溅到插座里，导致漏电；另一方面也能保持插座的清洁

√

×

2.8　卧室插座空间要预留得宽一些

◎ 卧室插座空间留多少比较合适？

☆ 床头边插座要高出床头柜0.1m以上，另外床边插座设置要考虑好床
边的厚度。

1 插座设置在卧室中间位置

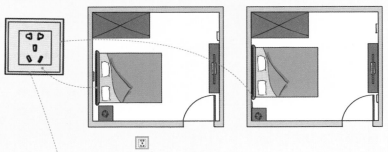

卧室在设置插座时要考虑床的摆放位置，插座设置在中间，会很容
易被床背挡住而失去使用功能

2 插座离床距离很近

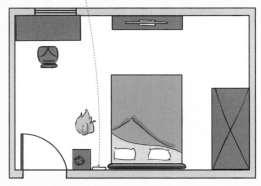

插座离床的距离太
近，可能会因为床
边太厚导致插座无
法使用，由于被
褥、被单等属于易
燃品，还会有很大
的安全隐患

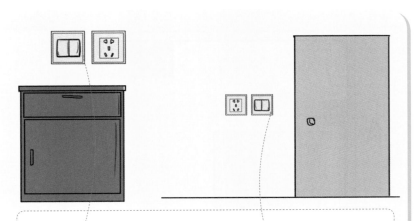

由于电源线的长度限制，为了使用更加便捷，卧室开关和插座的组合应该尽量设计成一组，以方便日常使用时不会造成安全隐患和不便

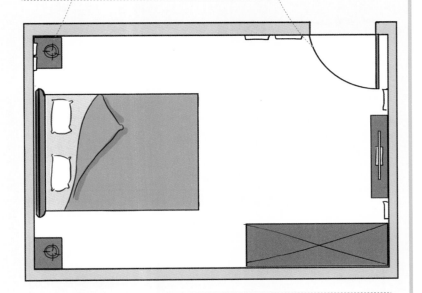

卧室床头的插座位置和数量应该结合实际情况进行设置，插座和床铺应该保持一定的距离

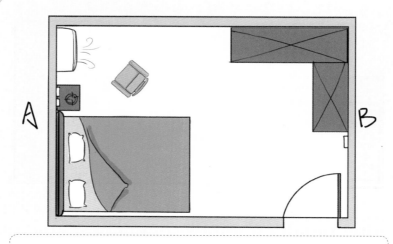

卧室布置插座要保证两个主要对称墙面，如A墙与B墙，均设置有组合电源插座，床的一端靠墙时床的两侧都应设有组合电源插座，并设有空调电源座。最基础的毛坯房只会在卧室的门口处预留一个开关，为了更方便生活，一般在床头处都会安装双控开关，位置多设置在床头两侧的床头柜上方，房主人也可以按自己喜好选择其中一侧，一般距地1~1.2m

补充小贴士

卧室插座一览

插座位置	间距设置
床头柜上方各设置一只电源插座	常规高度距地0.7~0.8m
床的对面墙上（正对床中）设置两只电源插座	距地0.3~0.4m
空调插座	距地2~2.2m
备注：如果卧室够大，建议在空调的下方距地0.3~0.4m处预留一个电源插座和一个网络插座，方便日后放置电脑桌或梳妆台	

2.9　安全设置电热水器插座

　　电热水器的电源插座一定要设置在没有水流的地方，安装时要考虑好电源线及功率，要选择大于10A的电源线，并且要安装好接地线。

 插座设置在沐浴区外

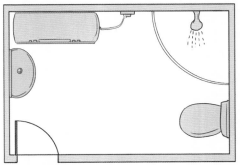

将电热水器的电源插座设置在沐浴区外可以大大减少漏电的危险，会更安全

② 插座设置在沐浴区内

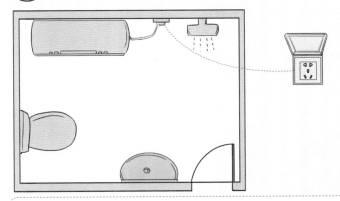

面积过小只能将电热水器的电源插座装在室内时，一定要注意电源的开关与插头接口处应安装有防水雾的盖板，以提高安全系数

2.10 玄关用感应型开关

◎ 感应型开关和其他开关有什么区别？

☆ 感应型开关功率小，能节约能源，通过感应来进行工作，也能使生活更加便捷。

 声控感应开关

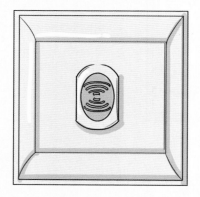

声控开关内有麦克风、光敏电阻、三极管和电容器等，白天光敏电阻阻值较小，麦克风的信号输入被屏蔽，声音无法控制开关；夜晚光敏电阻阻值变大，声音会通过麦克风转化为电信号，然后通过电路将此小信号放大，最后推动晶闸管导通，点亮灯泡

声控开关只要声音达到一定响度，灯就亮了。脚步声、说话声、拍手声均可将声控开关启动（灯亮），延时一定时间后，声控开关自动关闭（灯灭）

2 触摸型感应开关

触摸开关按开关原理分为电阻式触摸开关和电容式触摸开关,人体触碰到,开关就可以开始工作,玄关用此类开关时,位置要控制好

 3 人体感应开关

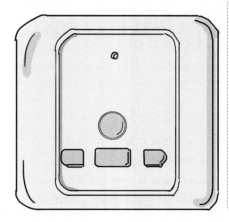

人体感应开关也称热释人体感应开关或红外线智能开关,它是基于红外线技术的自动控制产品,当人进入感应范围时,专用传感器探测到人体红外光谱的变化,自动接通负载,人不离开感应范围,将持续接通;人离开后,延时后自动关闭负载

　　顶装的人体感应开关离地面不宜过高,最好在2.4~3.1m;而墙装人体感应开关则可以安装在原开关的位置,直接替换。安装时请勿带电操作,待安装好后再通电。

2.11　空调要有独立控制开关

◎ 空调和房间的电源线不能接一个控制开关吗?

☆ 可以，但不建议。这是因为空调有较大的启动电流，而房间用电的电流相对比较稳定且较小，这两者的开关合并可能会导致出现短路现象但空气开关不跳闸。

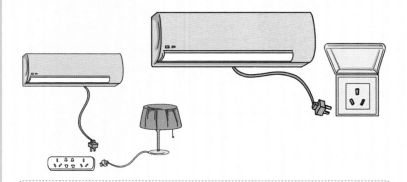

空调应根据实际功率或工作电流大小来配置。如一匹左右的空调可使用16A的空气开关，两匹的空调可使用25A的空气开关

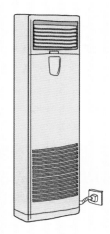

客厅如果使用柜式空调，也建议使用单独的控制开关，插座的位置要提前确定好，并依据实际情况适当更改空调孔的位置，以此减少电线的损耗

2.12 做好配电箱的检查

◎ 配电箱检查包括哪些方面?

☆ 配电箱安装之后要检查箱内接线是否整齐美观,对零散的线头要进行整理,箱体结构应没有任何松动现象,没有无破裂、变形、锈蚀、油漆脱落等现象。

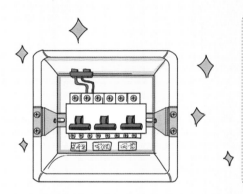

配电箱内线路保证整齐有序,可以在空气开关下方贴上标识牌,指明其所控制的线路,方便后期维修。配电箱内不要放置杂物,要保持清洁,每月应进行保养与检查

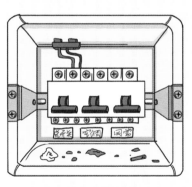

打开状态

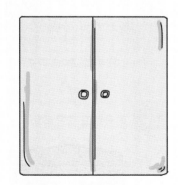

关闭状态

配电箱的检查应由专业人员来进行,且配电箱内不能有雨水、砂石,平时箱门应处于关闭状态

为了达到整体装饰效果的统一，可以选择风格一致的装饰盒来装饰配电箱，以此来拉高室内空间整体颜值，使空间更具高级感与设计美感。

 滑盖式装饰盒

> 滑盖式装饰盒比较节约空间，但损耗率较高

② **对开全封闭式装饰盒**

> 对开全封闭式装饰盒开合均需要空间，这类装饰盒功能性较强，保洁性较好

③ **对开镂空式装饰盒**

> 对开镂空式装饰盒透气性比较好，不易有潮气，但容易堆积灰尘

2.13 正确选择漏电断路器

◎ 为什么要安装漏电断路器呢，有空气开关不就有保障了吗？

☆ 空气开关只能在电路短路时切断电源，它起到的是保护电器的作用，而漏电断路器则是在设备发生漏电故障时以及有致命危险的触电时可以起到保护作用；它也同时具备过载和短路保护功能，可用来保护线路或设备以防过载和短路。

当人体触电时，通入人体的电流越大，电流持续的时间越长就越危险，因而漏电断路器和空气开关要仔细选择，要购买国家认证的正规产品

补充小贴士

　　漏电断路器可以防止由于电气设备和电气线路漏电而引起的触电事故；可以防止用电过程中的单相触电事故；还可以及时切断电气设备运行中的单相接地故障，防止因漏电引起的电气火灾事故。

漏电断路器根据保护功能和用途可以分为漏电保护继电器、漏电保护开关以及漏电保护插座，这里比较推荐漏电保护插座，它是具有对漏电流检测和判断并能切断回路的电源插座，灵敏度较高，适用于家庭、学校等民用场所。

 漏电保护继电器

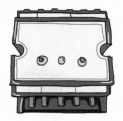

> 漏电保护继电器是用来检测设备是否有漏电现象，并将其转换为开关信号的保护电器，它是具有一定开断能力的开关

② **漏电保护开关**

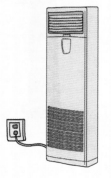

> 漏电保护开关只具有漏电保护断电功能，使用时需与熔断器、热继电器等保护元器件配合

③ **漏电保护插座**

> 漏电保护插座使用频率较高，比较轻便耐用

2.14　正确安装漏电断路器

安装漏电断路器和空气开关分线盒的工程不能省，而且不应放在室外，而应放在室内，安装时中性线不得重复接地，保护支路要有各自专用的零线，用电设备的接线应正确无误。

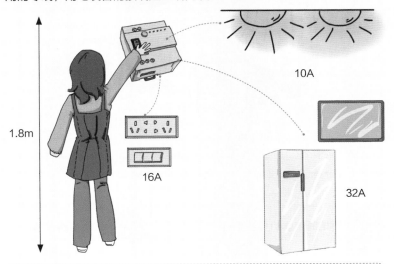

一般家用总漏电断路器用32A比较合适，控制插座电源的可以选用16A的漏电断路器，控制照明的可以选用10A的漏电断路器

为了检测漏电断路器是否能正常运行，安装位置要比较合适，一般在成年人能伸手能触到的位置就可以。

补充小贴士

漏电断路器监测的是剩余电流，它可以很灵敏地切断接地故障，防止直接的电流接触；而空气开关属于过电流跳闸，保护的是电气设备，漏电断路器从某种意义上而言也属于空气开关，只是它更多地保护的是人身安全。

在实际使用中，应该定期请专业电工对漏电断路器进行检测，发现问题及时处理，加强日常维护，定期清扫灰尘，保持漏电断路器外壳及其部件、连接端的清洁、完好和牢固连接

① 漏电断路器的拆卸更换

② 漏电断路器的清扫

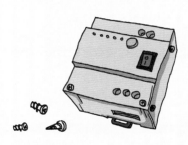

漏电断路器到使用寿命了要及时更换，按规定，一般家用漏电断路器的有效使用年限是：电子式的为6年，电磁式的为8年

2.15 占空间的墙体的处理

◎占空间的墙体都能拆掉吗？

☆拆除前要确定不是承重墙，非承重墙，不需要的都可以拆掉。

 厨房区域

 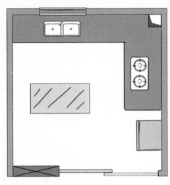

改造前 改造后

有的厨房是自带120mm厚的墙体的，这部分可以敲掉用柜子做墙，还能增加储物空间，但要注意靠近厨房的一面柜子要做好防水处理

 卫生间区域

改造前 改造后

 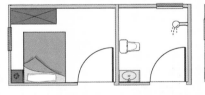 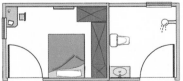

卫生间空间比较大，靠近卧室的那一面非承重墙可以拆掉，拿出一部分并入卧室中，可以就此在卧室里设计更衣室，时尚又便捷

↓泥水工进场前要将拆完墙后留下的垃圾清理完，记得在拆墙之前将要拆墙面积算好，毕竟多拆一平方米的墙，就会花更多的银子，拆墙面积的计算可以根据住宅的平面设计图纸来计算，计算方法是用待拆墙体的长乘以高，可以提前到现场测量好

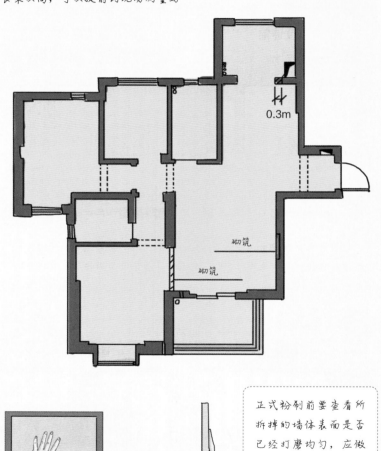

0.3m

砌筑

砌筑

正式粉刷前要查看所拆掉的墙体表面是否已经打磨均匀，应做到其表面没有明显的凹凸感，这样也更容易上漆

2.16 不适合的水管的处理

◎ 开发商安装好的水管也要换掉吗？

☆ 建议更换，原有水管质量无法保证，且建筑施工与室内家装的精细度
完全不同，水管属于家装中的隐蔽工程，维修比较费劲，选择更适合
的水管也更有利于延长住宅的使用寿命。

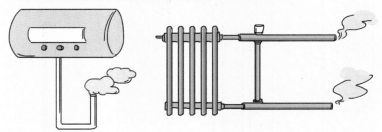

热水器、暖气管、暖气片等必须使用热水管，原有的冷水管不能当
热水管使用

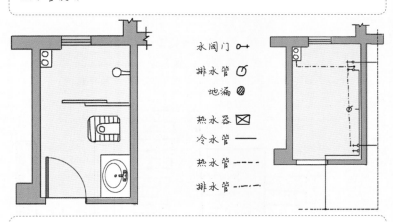

改水路前要考虑好所安装洗面盆的大致位置，例如，洗面盆是左盆
还是右盆，进水和排水具体设置的位置等，否则可能会出现台盆安
装之后无法正常使用的情况

2.17 旧水管的处理

　　旧水管更换一般是对于二手房装修改造而言的，地面如果有旧下水管，在砸除地砖的时候往往会被损坏，建议铺设新的水管，毕竟房子是自己要住的，不要犹豫，不要为了节省资金而忽略了安全问题，因小失大。

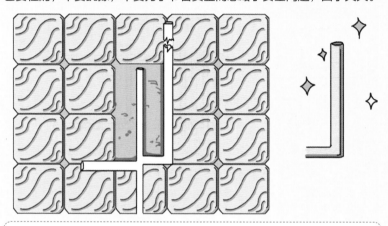

更换水管之前要确定清楚住宅空间内是否是单独的管道以及其所处的楼层是否适合单独更换水管，一般主管要通过物业一起进行更换，建议更换不锈钢管，环保且无二次污染，利用效率较高

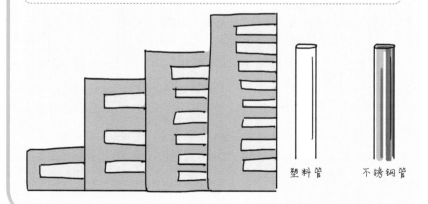

塑料管　　　　不锈钢管

2.18 对线槽做"防白蚁"处理

在埋线管之前要对线槽做"防白蚁"处理，要选择正规的、无刺激性味道、低毒甚至无毒的，不会使线盒变色的，可用于家庭中的白蚁药，线管与线管连接处需用直接或弯头连接，线管与底盒交接处需安装杯梳，所有墙面和地面电路必须成90°。

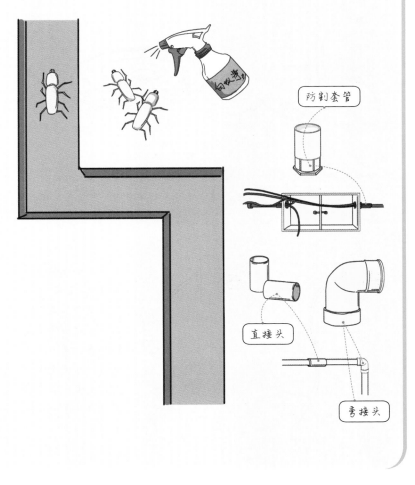

防割套管

直接头

弯接头

2.19 插座线要选好

插座线要选择合适的，其基本参数要符合国家强制安全认证，且需获得中国电工产品认证委员会认证的"CCC"认证，一般在合格证或产品上都会有"CCC"认证标志。

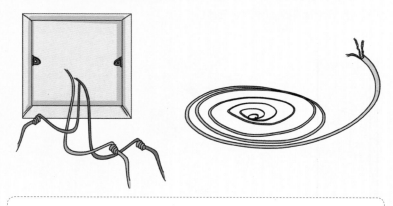

照明电路可以选用1.5mm²电源线；常规插座可以选用2.5mm²电源线；空调、冰箱等大功率电器建议选择单独回路的，可以选用4mm²电源线

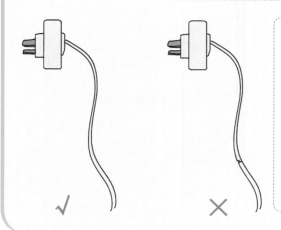

要注意插座线的绝缘层厚度应该均匀，且没有偏芯现象，并将电线精密地包裹在其中，插座线的外观应该光亮、平滑、柔软而有韧性且弯曲时不易断裂

2.20 买对绝缘胶带和生料带

◎ 绝缘胶带和生料带有什么区别？

☆ 两者原料和用途都不一样，绝缘胶带主要用于电线接驳以及电线绝缘防护；生料带则主要用于水管、螺纹口等的密封。

◎ 只用塑料绝缘胶带可以吗？

☆ 不行，塑料绝缘胶带容易开胶、错位，且受热后容易熔化收缩，寿命不长，容易引发火灾。

◎ 在哪里买绝缘胶带和生料带比较好呢？

☆ 建议在大型超市选购绝缘胶带和生料带，大型超市的质量比较有保障性，且量足，换算下来价格也比较实惠。

1 绝缘胶带   **2** 生料带

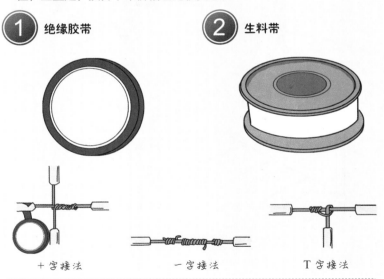

＋字接法   一字接法   Ｔ字接法

依据电线接头方式的不同，绝缘胶带的缠绕方式也会有所变化。绝缘黑胶布受温度影响小，阻燃性较强，建议先使用绝缘黑胶布缠绕住电线或者水管接头处，然后再在其表面缠绕塑料绝缘胶带，以此加强绝缘效果

2.21 选择好的三角阀

在水电工程中，三角阀是必不可少的一部分，三角阀的安装可以帮助我们提前发现接头处是否有漏水现象；如果不安装三角阀，则只能在最后安装龙头，接合水管时才能够检查出所安装的内接结构是否存在漏水现象，这样既不安全也十分费时费力。

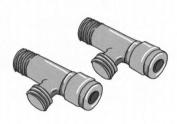

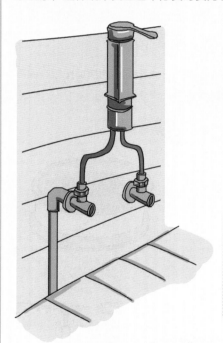

三角阀有进水口、水量控制口及出水口三个口。制作三角阀的材质较多，如铜、铝合金、铁、塑料等，不同地区需要选择不同的三角阀

补充小贴士

三角阀可以从重量上来选，建议选择质量比较大的，材质选择铜质的较好，通过红冲或者锻压工艺生产出来的铜质三角阀质量较好，且硬度高，抗折和抗扭力都较强，使用寿命较长。

2.22　PPR管的妙用

　　PPR管不仅适用于冷水管道，也适用于热水管道，甚至纯净饮用水管道。PPR管的接口采用热熔技术，管道之间可以完全融合到一起，经过打压测试的PPR管，安装之后不会漏水，且不会结垢。

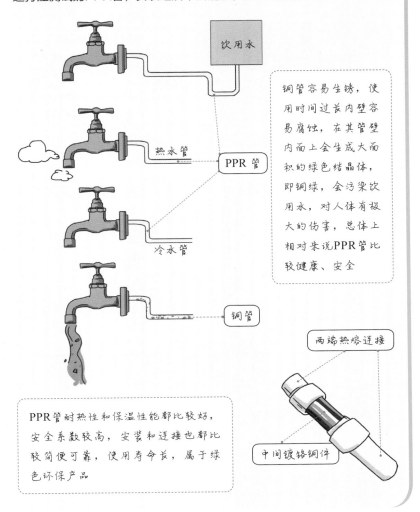

饮用水

热水管

PPR 管

冷水管

铜管

铜管容易生锈，使用时间过长内壁容易腐蚀，在其管壁内面上会生成大面积的绿色结晶体，即铜绿，会污染饮用水，对人体有极大的伤害，总体上相对来说PPR管比较健康、安全

PPR管耐热性和保温性能都比较好，安全系数较高，安装和连接也都比较简便可靠，使用寿命长，属于绿色环保产品

两端热熔连接

中间镀铬铜件

2.23 开槽要直

　　好的打槽师打出的槽基本上是一条直线，而且槽边基本没有什么毛边，另外要注意打槽之前，务必让水电工将所有的水电走向在墙上画出来标明，记得对照水电图，看是否一致。

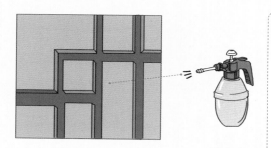

墙面开槽深度应该保持一致，槽线顶直开槽时，要一边喷水一边开槽，这样也能有效地达到降噪、除尘、防止墙面破裂的效果

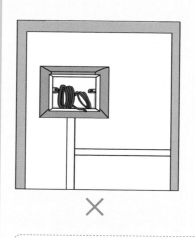

✕

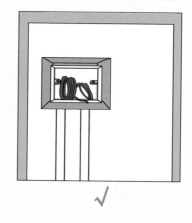

✓

电路改造一般禁止在墙壁上横向开槽，切槽必须横平竖直，切底盒槽孔时也同样必须方正、平直，深度一般为PVC线管或者镀锌钢直径+10mm、底盒深度+10mm以上

2.24 布线时要考虑空调的位置

◎ 空调的位置不是已经定好的吗?

☆ 原始建筑会预留空调孔,但有些住宅内部结构不适合在此处安装空调,因此会重新打空调孔,布线时自然也要考虑到这一因素啦。

◎ 空调电源是不是离空调近一点比较好呢?

☆ 合适的距离就可以了,太近也不好。

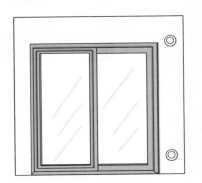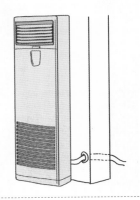

布线时要想好安装空调的位置,在保持合适的距离内将电源尽量移近空调,免得装空调时看到一截电源线,以致破坏整体空间的美感

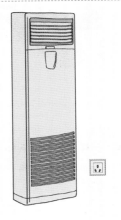

2.25 合理布线

在实际的家装过程中一定要根据自己的实际需要来合理地安排布线，以免浪费，例如除去日常照明所需，不需多余地布置灯带和射灯，照明线路也一定要尽量避免串联，这种连接形式比较浪费能源。

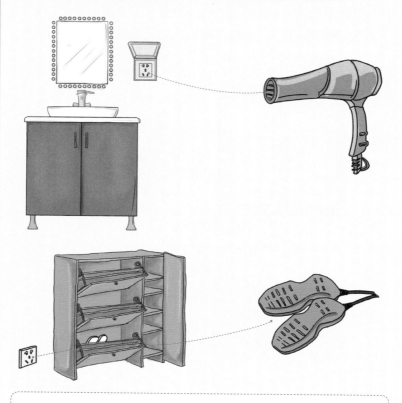

水电开始布线之前要依据功能需要再次确定线路布局，例如浴室镜旁，会经常使用吹风筒和剃须刀，此处就需要额外布线；在鞋柜里面或下方也可以设置一个插座，可以使用烘鞋器，也会比较方便，在布线之前一定要将自己的需求明确地告知装修公司

2.26 不同情况要用不同的线

不同的电线有不同的代表色，所选用的截面大小也截然不同，例如，强电的相线需用红色表示，零线需用黑色或蓝色表示，接地线用黄绿分色线来表示；电话线则需用四芯电话线，网线、音响线和电视线等则需根据实际情况来选择。

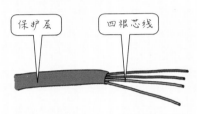

保护层　　四根芯线

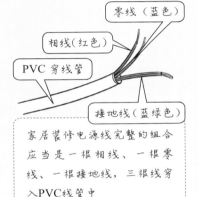

零线（蓝色）

相线（红色）

PVC 穿线管

接地线（蓝绿色）

四芯电话线用于语音通信系统设备之间的连接，如程控交换机、电话、传真和数字电话之间，家居装修用两芯即可，但是为了防止内芯线以外断裂，也应当选用四芯电话线

家居装修电源线完整的组合应当是一根相线、一根零线、一根接地线，三根线穿入PVC线管中

补充小贴士

电线规格适用一览

电线截面积（mm²）	承载电流量（A）	匹配空气开关（A）	常用回路
1.5	14.5	10	灯具
2.5	19.5	16	灯具、插座、厨房、卫生间、壁挂式空调、电热水器专用
4	26	25	专用回路，适用于大功率电器
6	34	32	专用回路，适用于超大功率的电器
10	46	40	一般用于进户线

2.27 声音电线要预留

◎ 为什么要预留声音电线呢?

☆ 为了可以自由地在客厅K歌,还能体验在电影院的视听感受,想想都觉得美妙。

◎ 声音电线预留多少合适?

☆ 在正式布线之前,确定好未来会在客厅进行的活动,依据设计图纸计算好所需的电线数量,多余的电线可以留存下来,后期如果设计有改变还可以应急。

◎ 声音电线是布置在阳台好还是客厅好?

☆ 如果是家庭影院的后置音箱,声音电线当然还是预埋在客厅地面下比较好,一方面能够减少电线用量,另一方面电线布局也不会因为线路过多、过长而显得杂乱,影响后期的长期使用。

2.28 依据需要预埋音频电线

听音乐可以放松心情，舒缓疲惫的身心，对于热爱音乐的朋友们而言，音频电线可以说是非常重要了。而在洗手间和厨房等地设置背景音乐，不仅很有情调，家居氛围也会变得不一样。

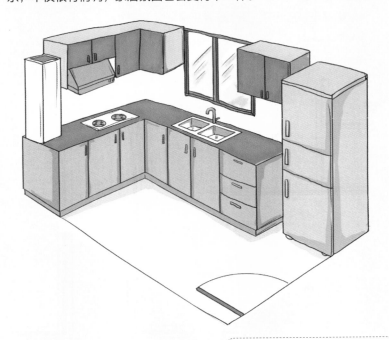

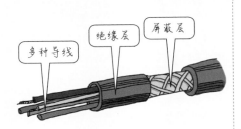

多种导线　绝缘层　屏蔽层

一般音频线都是用很多股细导线丝制成的，优质音频线中有铜、银、铝等多种材质导线，纯度很高，用于传递不同频率效果，而且外层有编织铜网做屏蔽层，可防止外界电磁波干扰

2.29 强电与弱电布线要分开

◎ 强电和弱电不分开布线行不行?

☆ 不可以。

◎ 如果一起布线了会怎么样?

☆ 强弱电要是距离近了，是会影响正常家庭用电的。

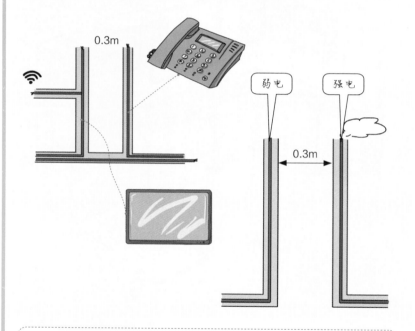

强弱电要分开布线，禁止共管共盒，且强弱电之间线路的平行距离要保持在100mm以上，不同的弱电线也要分开布线，这是因为不同的弱电线在一起也会造成信号干扰，为避免这种情况，类似电话线、网线、电视线等弱电线在线路作业时一定要分开穿管，不可共用同一根管。此外强弱电线要与家中的暖气管道、热水管道、煤气管道等保持距离，一般要控制在300mm以上

2.30 合理布置电话线和网线

　　电话线和网线是家庭线路中的必需品，在布置电话线和网线时首先要确定三点：一是电话线和网线从何处进入建筑物，从何处进入室内；二是弱电箱放在何处；三是要考虑好在室内哪个空间内设置电话线和网线，并将电话线和网线集中布局在弱电箱处。为了保证整体空间的统一度和美观性，电话线和网线要走暗线并提前预埋。

2 弱电箱安装放在距地面高度0.3m处

1 电线从地下进入建筑

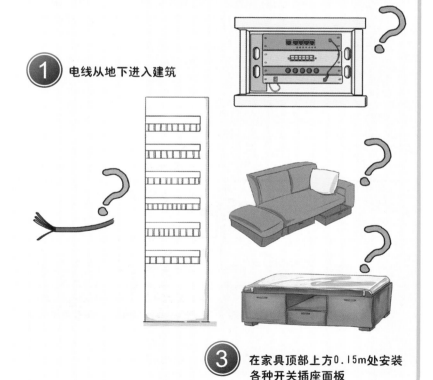

3 在家具顶部上方0.15m处安装各种开关插座面板

2.31 合理改动电话线和网线

◎ 什么情况下可以改动电话线和网线的位置呢？

☆ 有多余的电线，且整体线路比较简单不繁杂的时候就可以啦。

◎ 电话线和网线一定要固定在一起吗？

☆ 不一定，如果家里接的是ADSL宽带的话，就需要依赖固定电话线路；如果是网络光缆到小区，这种接入方式入户的就是网线；如果是光纤入户，接入方式入户的就是光纤，这种接入方式主要是将信号通过主光缆传递到巷道，然后经过分光后直接入户。

◎ 改动电话线和网线时需要注意什么？

☆ 改动电话线和网线位置的时候，可以利用原来不用的线将其抽出来继续使用。由于施工不当会有许多隐患，一般建议从室内的弱电箱中换线。

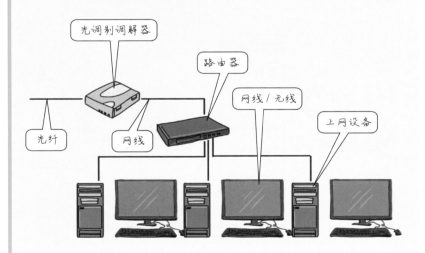

2.32 增加线路要重新布线

在家居装修中增加线路肯定是要重新布线的，布线时不允许在原电线上加接头接线，但是可以从就近的接线端子分支接线。如果原线路需要有所改动，并且此时无法使用直接或弯头连接时，可以用黄蜡管来连接电线，但是要注意黄蜡管进入两端线管内不能少于100mm。

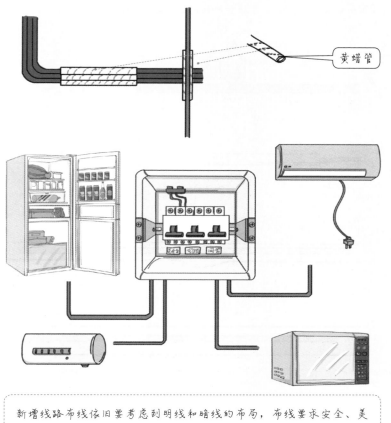

黄蜡管

新增线路布线依旧要考虑到明线和暗线的布局，布线要求安全、美观，不同的电器要选择不同的回路

2.33　布线的注意事项

　　合理的布线是延长住宅使用寿命的良药，连接电线时不能只简单地用绝缘胶布把两根导线缠在一起，一定要在接头处包上锡，并用钳子压紧，避免线路因过电量不均匀而老化。电线是一定要穿管的，回路数量也要合理，布线要遵循"零线进灯头，相线进开关"的原则。电路暗埋入墙的最好采用3分线管，吊顶布线则用4分线管。线管内电线接头要能在另一个线盒内找到，注意管内电线不得超过管径的60%。

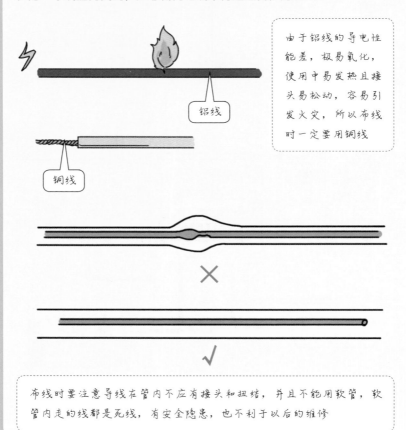

铝线

铜线

由于铝线的导电性能差，极易氧化，使用中易发热且接头易松动，容易引发火灾，所以布线时一定要用铜线

布线时要注意导线在管内不应有接头和扭结，并且不能用软管，软管内走的线都是死线，有安全隐患，也不利于以后的维修

2.34 测量电路改造工作量

测量电路改造的工作量，一般是按照三种不同的布线方法来分别测量的。

1 打槽埋管

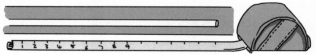

按线槽长度测量，如果一个槽内有多根管，就按管数的一半计算，另一半计入架空线。弱电改造也是按照这种方式计算，但如果是房主自己买的话，记得要让装修公司扣除电线的价格

2 架空线

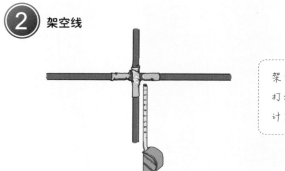

架空线是只穿管不打槽，按管的长度计算

3 换线

换下多少就计算多少，换下的线记得告诉施工队别扔了，后期说不定还有用处

2.35 改水管要慎重

◎ 改水管的目的是什么?

☆ 为了使住宅空间更美观呀。

◎ 改水管麻烦吗?

☆ 肯定是麻烦的,毕竟水电算是很重要的一项工程,又比较隐蔽,施工时一定要请专业人士。

◎ 改水管时有哪些可以改?

☆ 原来的下水管和地漏的位置最好不要改,另外阳台改水管一定要开槽走暗管,要不然太阳一照射,管内可是会有微生物寄居的 。

改水管千万要慎重,一是花费大;二是如果不吊顶就必须从地板下布设水管,万一水管出问题就麻烦大了

不同类型的电器,水龙头安装的高度也会有所不同

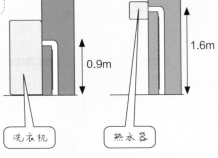

地下布管

外露布管

0.9m

1.6m

洗衣机

热水器

水管的改造除了要考虑走向外,还要注意埋在墙壁内连接水龙头的水管的具体高度,否则会影响热水器、洗衣机等的安装高度。在新管道和旧下水道入口对接前还要检查旧下水道是否畅通,避免后期多花冤枉钱

2.36 依据需要预埋水管

◎ 哪些地方需要预埋水管？

☆ 像阳台、卫生间、厨房等有明水作业的区域都要预埋水管。

◎ 预埋水管要注意什么？

☆ 卫生间排水管的预留洞的位置要准确，避免二次修洞，室内排污管的标高也要比设计标高高出50～100mm，这样也能更好地排污。

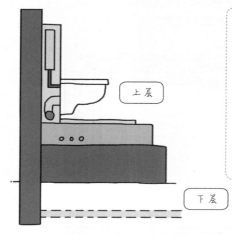

上层

下层

这种同层排水的模式可方便住户更自由地布置卫生洁具，使得空间也更具有个性魅力。且将卫生间排水管路系统布置在本层业主家中，会更有利于管道检修，同时也不会干扰到下层住户

阳台上可以增加一个洗手池，方便浇花、洗手等，也可以在此处洗衣物

2.37　冷热水管不能同槽

◎ 为什么冷热水管不能同槽？

☆ 冷热水管同槽敷设会造成能源的浪费，热水也得不到充分的利用。

◎ 分槽有什么好处？

☆ 分槽后可以给冷热水管留出热胀冷缩的空间，使之不至于被挤断。

◎ 如果冷热水管同槽，会有什么后果？

☆ 冷热水管膨胀情况不一样，同槽会导致槽内粉刷层开裂，且会需要增加更多的弯头和接头，到时候花的钱更多。

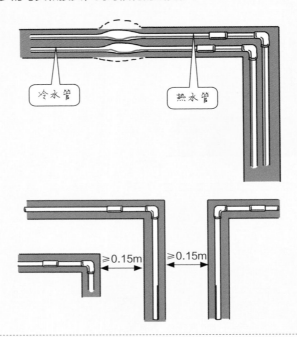

冷水管　　热水管

≥0.15m　　≥0.15m

由于冷热水管所能承受的温度不同，如果冷水管接触到温度很高的热水管，时间一长将会缩短冷水管的寿命，造成水管爆裂渗水的情况。国际规定冷热水管的间距应该控制在150mm以上

2.38 水管要"左热右冷"敷设

大多数人都是使用右手进行日常的工作，像写字、吃饭、拿物品等基本上都是用的右手，而且现在还有一种右利的说法，即右手优先，为了避免热水烫伤，基本都将热水开关设在右手位置，这样也避免了误拧。

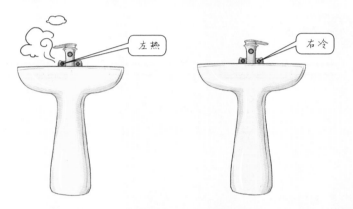

左热

右冷

墙面上的冷热水出水口，正确的做法应该是左热右冷，电热水器和燃气热水器的进出水口也不能做反，必须是左热右冷，热水器正面朝自己，左面是热水的出口，右面是冷水的进口，并要注意左右安装时是左热右冷，上下安装时是上热下冷。

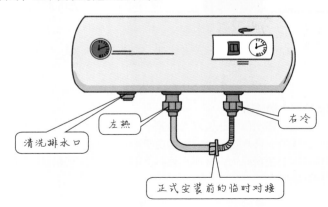

右冷

左热

清洗排水口

正式安装前的临时对接

2.39 检查水管贴合是否紧密

检查水管是否贴合紧密的目的在于有效地避免漏水问题，在水路改造中要注意原房间下水管的大小和现更换的水管大小要匹配，室内对接原下水管的管子也要和原下水管匹配。

1 转角处

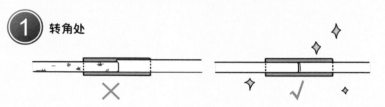

转角处弯头卡合有松动且弯头有裂缝，导致出现漏水现象，需更换新的连接件

2 对接处

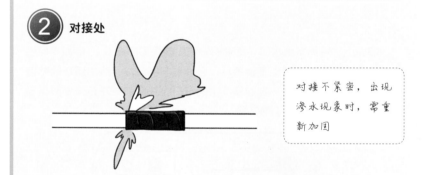

对接不紧密，出现渗水现象时，需重新加固

补充小贴士

不同水管漏水的原因

水管接头漏水属于比较轻微的漏水现象，主要是由于水管和水龙头没衔接好；铁水管漏水一般是由于没及时更换水管，长时间的滴水导致水管生锈腐蚀；塑料水管漏水则是由于水管硬化或者长时间异物堵塞住水管导致其破裂。

2.40 对水路再次进行打压试验

◎ 有人说只有暖气才做打压试验,水路改造不用,是真的吗?

☆ 说水路改造不用打压试验的都是在忽悠人,水路改造是大工程,必须要重视。

◎ 做水路打压试验时要注意什么?

☆ 水路做打压试验首先就是要先关闭水表后闸阀,避免打压时损伤水表,其次是要检查打压时主要堵头处有没有出现渗水现象。

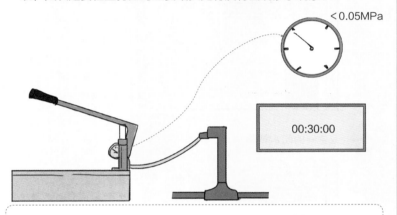

水路进行打压试验且打压48h后无渗漏或降压,就可以用水泥砂浆进行封槽

补充小贴士

如何做打压试验

先关闭水表后闸阀,将试压管道末端封堵然后缓慢注水,同时将管道内气体排出;水充满后进行密封检查;加压建议采用手动泵或电动泵缓慢升压,升压时间不得小于 10min;升至规定试验压力即 0.8MPa 后,停止加压,观察接头部位是否有渗水现象;稳压后,半小时内的压力降不超过 0.05MPa 为合格;试压结束,做好原始记录,并签字确认。

2.41　做好闭水试验

闭水试验存在的目的就是为了检验工程是否已经装修到位，目前主要是卫生间和厨房会做闭水试验。

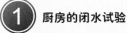 **厨房的闭水试验**

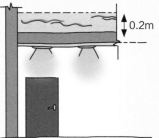

0.2m

> 厨房也属于用水比较频繁的区域，日常生活用水很容易溅落或流落到地面或墙体上。为避免后期水渗漏，厨房也需要做闭水试验

② **卫生间的闭水试验**

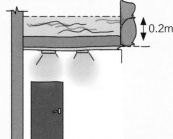

0.2m

> 卫生间蓄水试验前要将卫生间门口用沙袋堵严密。发现渗漏水时，要立即把水放掉，寻找原因

补充小贴士

闭水实验也叫蓄水试验，其蓄水深度应不小于 50mm，蓄水高度一般为 50 ~ 200mm，蓄水时间为 24h，水面无明显下降为合格。闭水试验的查验时间应该是前期每隔 1h 到楼下检查一次，后期每隔 2 ~ 3h 到楼下检查一次。如果发现漏水情况，应该立即停止蓄闭水试验，重新进行防水层完善处理,经处理合格后再进行闭水试验。

2.42　水电收工及验收

◎ 水电验收时需要哪些人在场？

☆ 水电验收时需要业主、施工方、装修公司设计师在场。

　　水电验收是一个最终检验的过程，和其他项目一样重要，业主、施工方和装修公司设计师三方确认工程无误后方可封槽，进行下一项工作。

 电路验收

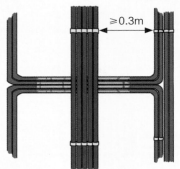

　　查看是否出现线路接头过多或接头处理不当等现象；是否有做隐蔽处理的线路没有套管的现象；是否有线路出现破损等现象

2 水路验收

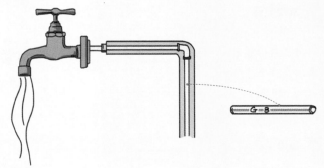

　　查看是否出现水管漏水或者水流过小等现象；确定所使用的水管是否合乎国家标准；确定排水是否通畅等

检查配电箱安装是否符合规范要求，内部接线是否清晰有序，有无标识；开关安装位置离门边距离是否符合要求，多联开关的顺序是否正确，标高是否符合图纸要求；插座安装标高是否符合图纸要求，插座的零地火接线是否正确有效；并逐一将空开进行开断试验以检查各个回路功能是否通畅。空气开关数量要依据需要而定，并对各回路逐一进行检查。

 常规照明

全房常规照明统一为一个回路

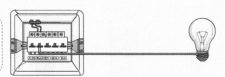

② **大功率电器**

2000W以上大功率且长时间连续使用的电器，每个电器为一个回路

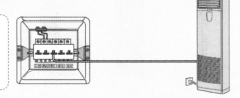

③ **常规电器**

短时间使用的电器，可每一、二个房间单独为一个回路

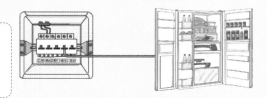

④ **备用电源**

用于其他回路意外损坏后作为备用电源使用

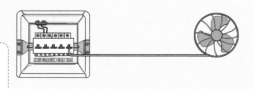

完美的开端

Chapter

3

水泥浆的逆袭

识读难度：★★★☆☆

核心概念：封槽、验水试验、瓷砖选购、
铺贴瓷砖、阳角处理、地板
铺设、施工保护

3.1 封槽、批腻子表面要处理

◎ 批腻子时腻子起泡了，是什么原因？

☆ 批腻子时腻子起泡了是因为基层表面没处理好，腻子的强度不够。

　　对于不结实的槽面可以用清洁球处理，在封槽和批腻子之前，也要充分润湿基层，这样也能防止其干裂。

 批腻子前要对基层喷水润湿　　 腻子拿捏在手中要光滑不黏稠

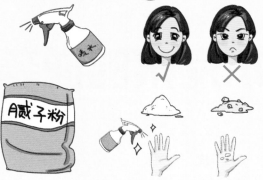

补充小贴士

选择腻子粉

　　（1）望。好腻子外表精白细腻、无硬块；劣腻子表面会发黄、粗糙、有受潮硬块。

　　（2）闻。好腻子比较有清新感；劣腻子有比较重的白灰味，呛鼻。

　　（3）问。可以向品牌设计公司、设计师或有使用腻子经验的朋友和邻居打听。

　　（4）切。一是可以动手批刮，好腻子易施工、易打磨，有一定遮盖力，劣腻子要刮很厚、用料多；二是可以用手触摸，好腻子光滑细腻，省涂料，劣腻子粗糙费漆；三是可以用指甲划，好腻子不容易划伤，只有浅浅的划痕，劣腻子轻轻一划，就有很深的划痕；四是可以喷一点水，用手擦，好腻子耐水不掉粉；劣腻子遇水就化，满手白粉。

3.2 封槽要平

　　为了避免后期铺贴瓷砖或者铺设地板时出现空鼓现象，水电封槽一定要平整，封槽是否平整也会影响到后期水电的整体使用寿命。水电封槽分为吊洞和封槽两种，吊洞是指阳台、厨房和卫生间等有管道预留的洞口的封堵、抹平处理，要分两次填充混凝土，注意要使用加了膨胀剂的细石混凝土进行填充，有锐角的砂砾会对管套产生挤压，导致其破裂，封槽则要用1：3的水泥砂浆，注意其保护厚度要控制在20mm左右。

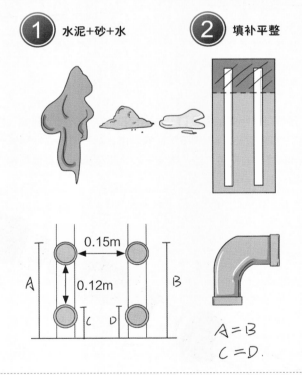

水管封槽前应该将内丝弯头的高度进行调整，使其保持一致，否则贴砖后会出现一高一低的现象，整体空间的美观度也会被破坏

3.3　铝塑管不要封太实

　　铝塑管安装完毕，封槽前一定要在场监督工人按照施工标准给热水管预留出合适的膨胀空间。

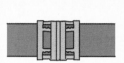

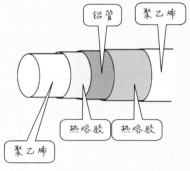

铝管
聚乙烯
热熔胶
热熔胶
聚乙烯

滑紧式连接（适用于特种铝塑管），管材完全嵌入管件，不受工人影响

　　铝塑管可以采用橡胶圈接口、粘结接口、法兰连接等形式。橡胶圈接口适用于管径为D63～D315管道的连接；粘结接口只适用管外径小于160mm的管道的连接；法兰连接一般用于硬聚氯乙烯管与铸铁管等其他材料阀件等的连接。

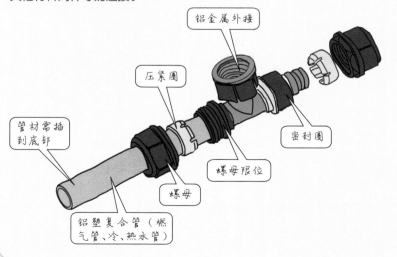

铝金属外接
压紧圈
管材需插到底部
密封圈
螺母限位
螺母
铝塑复合管（燃气管、冷、热水管）

3.4 新旧管道要对接好

在水路进行改造时难免遇有新旧管道对接的问题，为了增强水管的使用功能性，在增加管道并移动下水道口时，在新管道和旧下水道入口对接前要检查旧下水道是否畅通，一旦出现堵塞的情况一定要让施工人员进行疏通，即使多花点钱，也好过后期使用时频繁出现窘迫的堵塞状况。

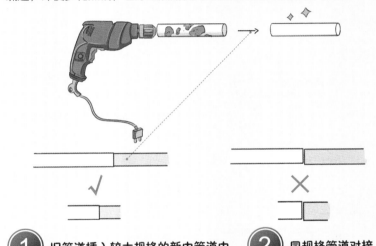

1 旧管道插入较大规格的新中管道中　　**2** 同规格管道对接

一次性检查到位，避免多次返工，增加人工费

补充小贴士

新旧 PPR 管材与管件连接时不容许在管材和管件上直接套丝，与金属管道可以选择法兰连接，与用水器连接时则必须利用带金属嵌件的管件，热熔时要在规定时间内进行加热，加热完毕后取出管材与管件，注意要立刻连接。在管材与管件连接配适时，如果两者位置不合，要及时在一定时间内做少量调解，但旋转角度不得跨过 5℃，连接完毕后必须双手紧握管子与管件，保证连接能够有富足的冷却时间。

3.5 防水要做到位

防水同样也是一项比较重要的工程，根据材料的不同和空间的不同有不同的施工方法，一般卫生间和阳台都会做防水，为了达到更好的防水效果，减少后期返工的可能性，建议厨房也分区域做好防水。

 厨房防水

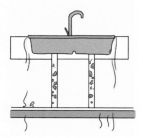

厨房下水道堵塞，会导致返水，水盆封闭不严，洗刷时溅到台面上的水通过接缝不断流入地下，也会造成漏水现象

 卫生间防水

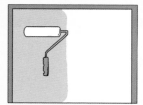

卫生间防水施工前要确保工地干净、干燥，防水涂料要涂满，与基层接合牢固，无裂纹，无气泡，无脱落现象

 阳台防水

开放式阳台和封闭式阳台都建议做防水，防水高度应依据现场实际情况而定

3.6 验水试验时间要足

◎ 做验水试验要多长时间呢?

☆ 一般是48h。

◎ 验水试验若是没达到48h是不是就会漏水呢?

☆ 这就要看施工的质量如何了,原则上还是建议达到标准验水时间比较好。

◎ 验水试验时应特别重视哪些方面?

☆ 基本上有明水的区域做验水试验时都需要重视,建筑空间中最容易漏水的是地漏区域,这个地方千万不能忽略。

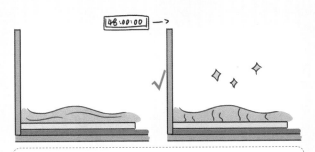

验水时间在标准范围内,漏水问题已解决,不会对后期施工产生影响

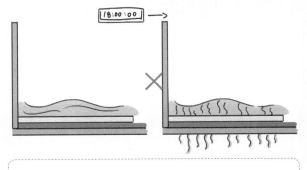

验水时间不在标准范围内,漏水问题未显现

3.7 墙面空鼓要用水泥修补

◎ 墙面还会有大洞吗？

☆ 这里说的大洞是指敲掉的墙面空鼓区域，有些工程质量不好的住宅连地面都会有空鼓。

◎ 遇有墙面空鼓怎么办呢？

☆ 墙面的空鼓区域敲掉后都会用水泥进行修补，建议收房时让装修公司验房，有空鼓的区域要及时反映给物业，由装修公司来处理是会收费的。

◎ 墙面空鼓可以用石膏填补吗？

☆ 比较小的空鼓区域可以，但还是建议用水泥进行修补，这样隔音效果也会比较好，后期也容易刮灰、批腻子。

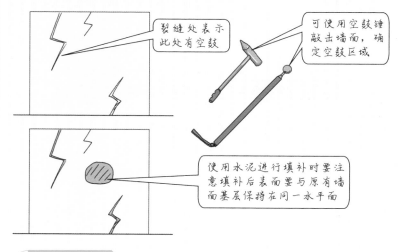

裂缝处表示此处有空鼓

可使用空鼓锤敲击墙面，确定空鼓区域

使用水泥进行填补时要注意填补后表面要与原有墙面基层保持在同一水平面

补充小贴士

　　空鼓是由于原砌体和粉灰层中存在空气引起的，一般用肉眼观看，空鼓部位一般会稍稍高出四周整体平面，并常常伴有裂缝，用手指敲击会发现里面是空的；用空鼓锤在抹灰后的墙面滑击，墙面会发出清脆或者沉闷的声音。

3.8 瓷砖选购小窍门

在挑选瓷砖时要对瓷砖进行质量认定，可以通过查看色泽、尺寸等来挑选适宜的瓷砖，但要注意厨卫地砖尽量别挑白色。

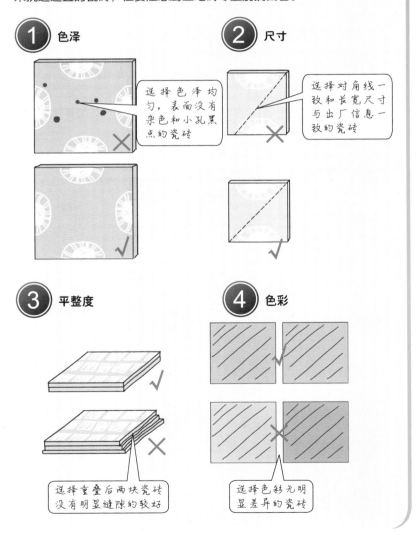

1 色泽

选择色泽均匀，表面没有杂色和小孔黑点的瓷砖

2 尺寸

选择对角线一致和长宽尺寸与出厂信息一致的瓷砖

3 平整度

选择重叠后两块瓷砖没有明显缝隙的较好

4 色彩

选择色彩无明显差异的瓷砖

3.9 阳台要舍得贴瓷砖

◎ 阳台究竟要不要贴瓷砖？

☆ 建议还是贴瓷砖比较好，这样既能防水、防潮，也能增强整个空间的整体感。

◎ 可不可以仅在放置洗衣机的地方贴瓷砖呢？

☆ 一般阳台贴瓷砖是沿阳台卷边贴一圈，放置洗衣机的位置要贴得高一点，一来比较美观，二来下雨天墙面也不会那么容易发霉。

◎ 封闭式阳台又没有雨水进来，应该就不用贴瓷砖了吧？

☆ 这就看你家的封闭式阳台有没有打算做晾晒区域了，如果要在阳台晾晒衣物，建议还是贴瓷砖比较好。

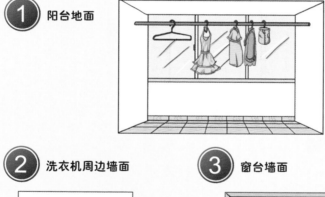

1 阳台地面

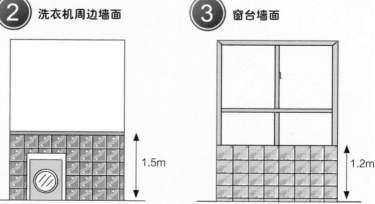

2 洗衣机周边墙面

1.5m

3 窗台墙面

1.2m

3.10　窗台要选用好瓷砖

◎ 窗台不都是用人造大理石吗？

☆ 是的，这两种都可以，瓷砖相对比较经济。

◎ 窗台贴瓷砖有什么优点呢？

☆ 瓷砖物理性能较好，硬度和耐磨度都比较高，而且抗污性也不错。

◎ 窗台贴瓷砖好看吗？

☆ 现在瓷砖的种类也很多，追求石纹效果的可以选择大理石纹理瓷砖，
视觉效果是一样的，但要记得选择合适的美缝剂。

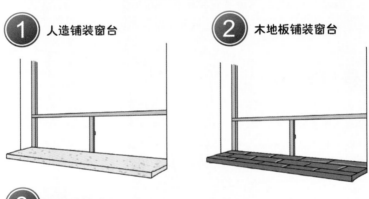

① 人造铺装窗台　② 木地板铺装窗台

③ 瓷砖铺装窗台

好的美缝剂可以增强瓷砖的装饰效
果，且能够很好地达到防潮、防霉
的效果，美缝剂所选择的颜色也十
分丰富，选购时可以依据瓷砖的花
纹和色彩来选择

3.11 卫生间、厨房瓷砖的选择

瓷砖的好坏对于贴砖的效果也会有很大的影响，瓷砖作为主材，在选购时也需要格外注意，毕竟后期出现问题，返工的话是需要将原有的瓷砖全部敲掉的，既费钱又费时，心情也会变得很糟。

1 从质量来选择

 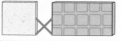 

厨房和卫生间瓷砖要选择品牌的，质量好的，如×舵瓷砖、××波罗瓷砖等，毕竟这些品牌瓷砖口碑在那里，售后服务也相对较好，还可以咨询已经装修过的朋友，选择其推荐的瓷砖品牌

2 从颜色来选择

厨房属于烹饪区域，温度比较高，适宜选择冷色调的瓷砖来进行色彩的中和；卫生间可以选择多彩的瓷砖来装饰空间，但要注意和洁具的颜色相匹配，不要破坏了整体的效果

抹布容易擦干净　　防滑砖有凹槽，容易被污染

3 从功能性来选择

厨房和卫生间都建议选择防滑性能比较好且易清洁的瓷砖

4 从搭配度来选择

腰线　　地砖

厨房和卫生间如果涉及腰线，应注意所选的图案要一致，地砖和壁砖的搭配要统一，拼贴方式也要协调

3.12 阳台瓷砖的选择

阳台是住宅空间的延伸，设计需要兼备实用性与美观性，同时有些面积比较大的阳台还兼具了休闲、娱乐功能。阳台瓷砖也体现了阳台品质的好坏，自然是需要好好挑选的。

1 从质量来选择

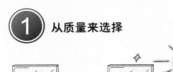

阳台建议选择防滑性能比较强、耐磨损、抗紫外线的瓷砖，一般选择尺寸比较适中的即可，如300mm×300mm

2 从阳台朝向来选择

朝南的阳台，由于阳光充足，日晒较多，建议选择偏冷色系的瓷砖；朝北的阳台较为阴冷，建议选择暖色系的瓷砖来进行综合

3 从功能情况来选择

主要用于休闲、娱乐的阳台，建议选择颜色鲜艳、有活力、贴近室外风光的瓷砖，也可以选择铺装鹅卵石，闲暇之余光脚在上面踏步，也别有情致。生活类阳台则建议选择防水性能好的、浅色系的瓷砖

3.13　卫生间墙面砖多买一点

◎ 可以将地砖当作墙砖来用吗？

☆ 不建议地砖上墙，地砖上墙虽然美观，但是不易清洁，而且地砖含水率较低，不能长久牢固地贴合在墙上，人工费和施工难度也比较大。

卫生间在计算墙砖的工程量时是要测量出每面墙的长和高，然后再扣除窗户和门的面积，最后再算上地面的面积，这些尺寸计算好之后，在选购墙砖时将数据交给瓷砖店的老板，他们会帮你再核算，但要记得最后的数额还要加上5%的损耗

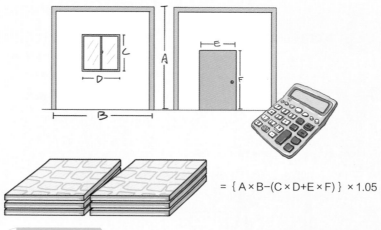

$= \{A \times B - (C \times D + E \times F)\} \times 1.05$

补充小贴士

　　陶瓷墙砖的吸水率低，抗腐蚀、抗老化能力比较强，同时具有特殊的耐湿潮、耐擦洗和耐候性，是其他材料无法取代的，价格低廉，色彩也十分丰富。不同的墙砖适用于不同的房间，选择的依据是房间的结构形状与面积大小以及室内采光的好坏。按规格分，主要有300mm×300mm、300mm×600mm、250mm×330mm 以及200mm×200mm 等几种。

3.14 地砖拼花的奇思妙想

◎ 客厅拼花好看吗？

☆ 好看，但建议客厅面积比较小的还是不要用太复杂的拼花，简单即可，这样也能增强整体空间的层次感和立体感，另外带有拐角的客厅最好不要使用拼花。

◎ 玄关可以拼花吗？

☆ 可以，但要注意控制角度和地砖的尺寸与玄关空间相协调。

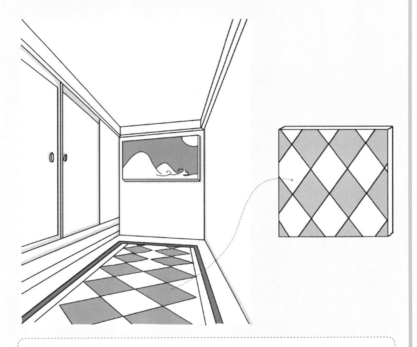

不同的装修风格和不同的室内结构决定了所选择的拼花方式和瓷砖的种类也不一样。例如，狭长的玄关走廊可以选择爵士白和深灰砖搭配菱形砖相互铺贴，边缘整体，这种明显的色彩颜色对比，能加深视觉效果，展现出一个简约、大气的入户空间

瓷砖地面拼花最基本的要点就是要按照预先设计的方案铺贴，地面拼花铺贴前，要将拼花地砖的表面朝外竖靠着墙摆放，而且要在每一片地砖的四角垫上泡沫，以防地砖的尖角损坏，在地面拼花地砖的表面也不能压放重物。

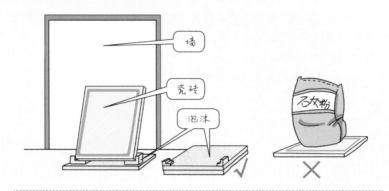

铺贴时一定要确保每一片地砖的基面无松散物和油污，且结实、平整、清洁，要选用高黏结力的水泥或瓷砖粘结剂来铺贴；要保持基层平整。

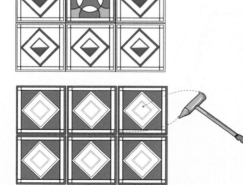

在铺贴过程中，如果有拼花砖，应当预留在最后铺贴，最好选用湿贴的方式

完成铺贴后，可以先用橡皮锤圆头在地砖的中间轻轻敲打，然后用尖头在地砖的边缘敲打，做适当的调整

3.15 选择与瓷砖搭配的美缝剂

◎ 是美缝剂好还是勾缝剂好呢?

☆ 美缝剂。

◎ 它们有什么区别?

☆ 勾缝剂色彩选择性较少,且彩色勾缝剂施工的时候容易污染瓷砖表面,而美缝剂颜色丰富,光泽亮丽,显色性也很好,装饰效果比较强,且不会污染瓷砖,性价比较高。

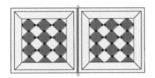

镏金色的美缝剂具有很强的金属质感,镏金色与白色、黑色、金色等颜色的瓷砖搭配使用更显质感及档次

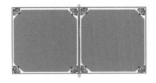

咖啡色质感强,使用后呈现暖色的光泽,与仿古砖搭配,色彩及光泽度都会显得十分地协调

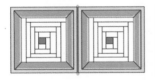

纯白色、浅亮黄、浅亮灰、象牙白、月光银等色彩艳丽,光泽性强,质地细腻,与亮光砖搭配,色彩十分协调

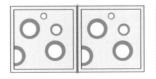

亚光黑、亚光白、亚光灰、亚光棕、等色泽丰富、饱满,质感强,能呈现暗哑的光泽,适合与亚光砖搭配

选择的美缝剂要从色彩上与瓷砖相匹配,这样才能更好地展现出美缝剂的特点,也能增强瓷砖的整体视觉美感

3.16 提前的预想与沟通

卫生间地面的坡度要在铺砖之前考虑好，按照国标的标准坡度并不能够达到迅速排水的效果，而且如果用了防臭地漏或者超薄地漏都会大大加剧排水的困难。

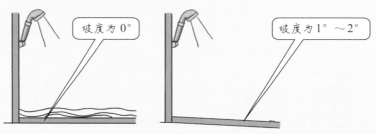

坡度为 0°

坡度为 1°～ 2°

确定好卫生间是否需要干湿分区，卫生间门槛是否需要增高，将你能够想到的一切想法都告诉设计师，不合适的地方要和设计师沟通，不要怕麻烦。

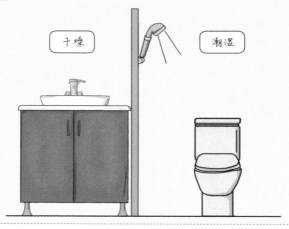

干燥

潮湿

卫生间尽量干湿分区，如果面积小用柱盆就好，玻璃台盆比较显脏，还可以设置一个防水的小柜子用来收纳杂物。这里的卫生间地面比门厅高，到时候就用过门石过渡解决

3.17　干净利索的贴砖手法

　　从贴砖的效果上就能看出来贴砖师傅的手艺好坏，干净利索的贴砖手法是优秀的贴砖师傅必备的一项技能。当然了，为了让自己更放心，你也可以在现场观看，这样你既能学到一些知识，有什么问题也能及时和师傅沟通，毕竟你将来还会有下一套房子要装修。

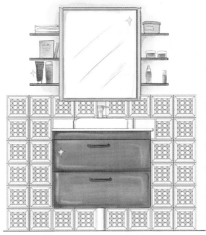

部分不太完美的瓷砖可以让工人贴在一些将来看不到的位置，如橱柜、洗手台、镜子等后面，要注意花砖、腰砖等不要贴在以上位置，否则将来你什么都看不到，那就白花钱了

浸泡 2h

塑料袋封口

墙砖、地砖在贴之前，泡水时间一定要足够。一定要将地漏用东西塞好，以免水泥落入到地漏中，导致堵塞，否则后期你还要花更多的钱来疏通，何必呢

3.18 刚刚好的地砖铺贴

通常情况下，地砖铺贴后的水平度允许有2mm的误差，地砖之间的缝隙一定要保持一致，地砖与地砖之间的对角处也应该保持平整，一般允许有0.5mm的误差，厨房和卫生间的地面砖铺贴时除了要保证砖与砖之间的对角处平整外，还需要保持一定的水平度和垂直度。卫生间和阳台的地面砖铺贴时还要考虑到地漏，要先找好坡度，一般不允许地面有积水。

传统铺贴法，是以墙边平行的方式来进行铺贴，砖缝对齐并且不留缝，整体比较清爽、整洁

工字形铺贴法，没有按照传统的方法进行直线铺设，而是将其修改成走工字，铺贴方式比较新颖

错位铺贴法，是将方方正正的铺贴方式旋转了45°，铺贴直线十分流畅，视觉冲击力强

组拼铺贴法，使用了大小不同的瓷砖进行组合，花样比较丰富，色彩也十分分明

鱼骨铺贴法，铺贴效果酷似鱼的骨骼，是45°拼贴法和菱形拼贴法的一个结合，主要用的是木纹瓷砖

3.19 没有空鼓的瓷砖铺贴

贴好后的瓷砖不能有整片的砖空鼓，局部空鼓也不能超过整片砖的20%，如果有整片砖空鼓的，一定要让师傅返工。一般正常情况下，每贴100片砖，墙面砖允许有1片砖是空鼓的，地面砖允许有2片砖是空鼓的，但有空鼓的区域还是需要返工，返工主材要算在损耗内，主要由业主负责，如果超过这个范围的，那么瓷砖则由施工方来负责。

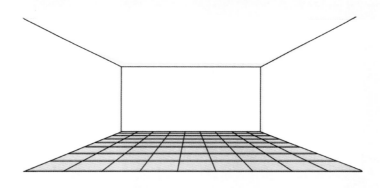

空鼓起翘

墙砖铺装砂浆较薄

地砖铺装砂浆较厚

瓷砖铺贴一般分为干铺和湿铺。湿铺工艺比较简单，人工费也比较便宜，但湿铺法容易有空鼓和气泡，对地面砖也有一定伤害。干铺出现空鼓的可能性比较低，也比较节省工期，但干铺的砂浆厚度比较大，一般在30~40mm。在实际的施工过程中，要根据现场的具体情况来选择使用何种铺贴方式

3.20 墙砖和地砖的完美交接

墙砖与地砖交接处的处理，在目前装修中还没有被充分重视，在这里要重点说一下墙砖和地砖交接处对缝的问题。对于对缝处，要优先选用在同一个方向上的尺寸相同的墙砖和地砖，也可以选择相同方向上的尺寸互为整数倍的墙砖与地砖。

 对齐墙角

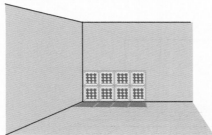

对缝处墙砖水平方向尺寸为200mm，那么地砖最好选择200mm×200mm或100mm×100mm的，这样也能达到更好的对缝效果，最好让设计师陪你一起去选购

② 对齐门宽与高

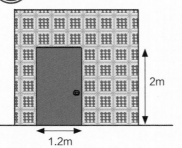

2m

1.2m

③ 对齐窗宽与高

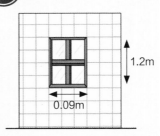

1.2m

0.09m

市场上还有墙地套砖，比较省事，对缝起来也会更加容易，在安装管道、预留洞口的时候，要考虑到墙地砖对缝的问题。对缝时尽量少出现半块砖这样的情况，尤其是在门边或者窗旁这种比较显眼的位置上，最好能确保是整砖铺贴

3.21 漂亮的阳角做法

◎ 一般阳角怎么处理呢?

☆ 可以贴阳角条,也可以拼45°角。

◎ 是阳角条好还是45°倒角好?

☆ 各有各的好处,贴阳角条施工成本较低,也不易出现阳角开裂的问题,安全系数也较高,在卫生间使用也比较方便;45°倒角比较经济实惠,也很容易打理,但施工难度高,如果磕碰到很容易破碎。

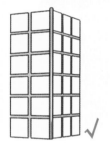 ✓  ✗

一般处理阳角所用的阳角条最常见的材料有石膏线、不锈钢和铝合金等,其中石膏线能够防潮隔音;不锈钢可以经受住蒸汽和水的腐蚀,但不能经常被磕碰到;铝合金比较明亮且富有光泽,颜色选择比较丰富

不锈钢阳角线:耐水性强,质地脆

人造大理石阳角线:样式美观

铝合金阳角线:耐用

石膏线:质地易碎

3.22 多余瓷砖的妙用

装修中所要用到的瓷砖，设计师其实都只能给出一个大概的数据，在实际施工过程中，总会有多余的瓷砖，弃之可惜，留着又不知该拿它们如何是好。这里提供一些小窍门，帮助你合理利用多余的瓷砖。

 多余瓷砖做装饰品

剩余的瓷片，可以用画框将其装裱，或者将不同形状和颜色的瓷砖碎片拼接起来，也是一幅独具特色的瓷砖画

2 **多余瓷砖做杯垫**

小尺寸的瓷砖可以直接作为杯垫，可以在其四周包裹上木质包边或者木纹色的塑料包边，冷与热的极致结合，也会给人不一样的感觉

3 **多余瓷砖装饰塑料托盘**

将多余的瓷砖或者碎瓷砖按照自己的喜好进行拼接，利用白水泥将其黏合紧密，塑料托盘也因此有了新的生命

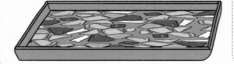

3.23 均匀的防水剂喷洒

瓷砖铺贴完成也是需要做防水工作的，在进行防水剂施工时建议装修业主到现场监督，有一些瓦工并没有按照要求喷洒防水剂，最后导致防水剂喷洒不均匀，后期又出现漏水问题，到时候操心的还是装修业主自己。

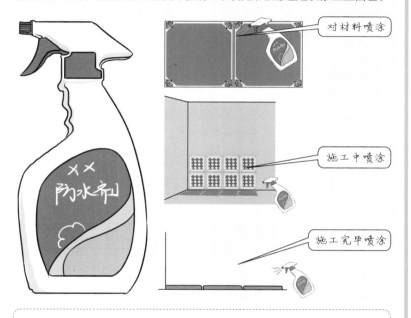

对材料喷涂

施工中喷涂

施工完毕喷涂

使用防水剂时要注意室内边角之间、地砖与地砖之间的细缝、墙砖与墙砖之间的细缝以及墙砖与地砖交接处缝隙的防水处理

补充小贴士

有机硅防水剂可以用于处理建筑内外墙的渗水问题，喷涂于建筑物表面后，会形成一层无色透明的透气薄膜，防水性能很好，而且有机硅防水剂也是一种无污染、无刺激性的新型高效防水材料，施工十分方便，使用也很安全，业主自己就可以操作。

3.24 平整的地板安装

说到地板安装，最基础的肯定是对基层进行清洁处理工作，紧接着就是地面找平了，水平误差不能超过2mm，这也是为了安装时不至于出现空鼓现象。地板安装之前还要在地面上铺设防潮膜，这样既能有效防潮，也能有效避震和减轻踩踏声，但要注意防潮膜必须完全覆盖住所有铺设的地面，接缝的地方要用胶纸封住。

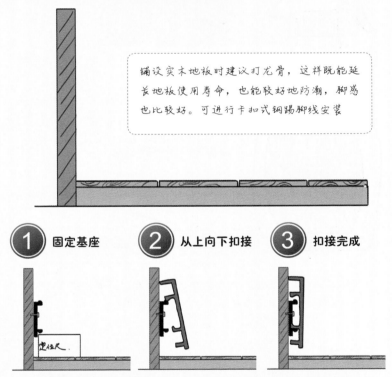

铺设实木地板时建议打龙骨，这样既能延长地板使用寿命，也能较好地防潮，脚感也比较好。可进行卡扣式钢踢脚线安装

① 固定基座　　② 从上向下扣接　　③ 扣接完成

踢脚线可以选择不锈钢、实木、瓷砖、石材、PVC等材质的，但一般建议选择不锈钢踢脚线和石材踢脚线，此类材质质感比较好，也比较耐用，性价比高。当然，也可以根据自己的喜好来选择，毕竟这套房子是要住很久的，还是不要选择容易产生视觉疲劳的比较好。

3.25 检查厨卫地砖是否平整

有句话是这么说的：要想脚下的路走得顺顺当当，就得看你脚下的路有多平坦。这句话用到瓷砖铺贴中，其实也是颇有道理的。

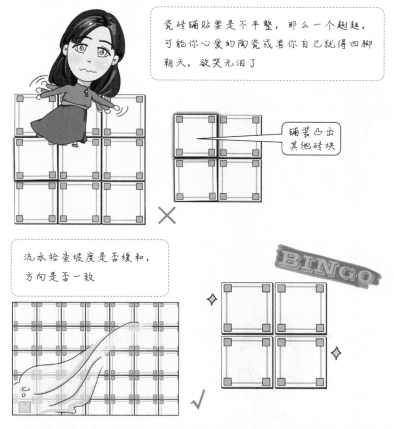

瓷砖铺贴要是不平整，那么一个翘翘，可能你心爱的陶瓷或者你自己就得四脚朝天，欲哭无泪了

铺装凸出其他砖块

流水检查坡度是否缓和，方向是否一致

BINGO

厨房和卫生间的地砖贴好后最好测量一下水平度，确保地漏位于最低点，要检查整体墙面的平整性和瓷砖的完整性，还要检查砖的接缝处是否对齐以及砖与砖的高低位是否正确，你也可以自己轻敲瓷砖看空鼓的面积多不多，看接缝处是否规整，看美缝剂是否涂抹均匀。

3.26　做好施工保护措施

　　要求施工师傅实行施工保护措施的目的在于防止损伤瓷砖饰面，同时也是为了防止后期涂刷乳胶漆以及胶水等滴在瓷砖饰面上造成污染。瓷砖铺贴后可以利用废弃的衣物，将其铺设在瓷砖上，以起到保护作用。

对于瓷砖的保护，利用彩条布、塑料薄膜、地毯、包装袋、廉价抗滑板材以及纸板报纸等，都能起到很好的防护作用

　　除了瓷砖饰面的保护外，还要控制好合理的工序以及施工间隔时间，例如对于刚铺贴好的地砖，不能立即上人，施工人员、重物以及震动工具设备在其上方工作都会造成其变形。

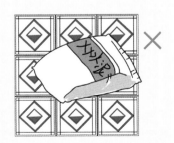

充足的准备

Chapter

4

储物与天花的大畅想

识读难度： ★★★★☆

核心概念： 基层处理、顶角装饰、鞋柜设计、
储物柜设计、酒柜设计、衣柜
设计、书柜设计、阳台柜设计、
橱柜设计、吊顶设计

4.1 尺寸要再次复核

◎ 为什么还要复核尺寸？好麻烦。

☆ 复核是为了精确尺寸，使工程量计算更准确。

◎ 尺寸复核时是自己去吗？

☆ 建议和设计师一同去，有问题也能及时沟通。

◎ 尺寸复核要带上设计图纸吗？

☆ 设计师会带上的，房主人自己要考虑好哪些区域做柜子，大致要做多
少柜子，不然后期增项很麻烦的。

◎ 在网上找到了一些很好看的柜子图片，自己家能做成这样的吗？

◎ 按照这种形式来做贵吗？

◎ 这种看起来很复杂，木工师傅能够做出来吗？

◎ 这种样子的柜子是不是自己买比较好呢？

☆ 网上的柜子图片不一定适合你的结构，所以需要到现场再次复核尺寸，
合适的话自然就可以做，最后的价格也是根据柜子的工程量来计算的。

☆ 成品柜虽然样式比较丰富，但是如果没有挑选到靠谱的，很容易坏，
质量比较好的价格也不会低很多，建议还是打柜子，空间利用效率也
比较高。

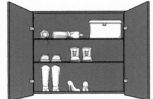

4.2 确定卫生间是否要储物柜

卫生间储物柜的存在，一是为了存储日常洗漱用品，例如洗发露、沐浴露等，二是可以将干净的衣服放置在储物柜中，这样就不用担心衣服掉落在地或者被打湿了。

卫生间储物柜所选择的板材也要根据卫生间的客观情况来定

卫生间储物柜要对柜体做防潮处理，同时所选的板材也需要具备较好的抗腐蚀能力

 面积较大

2.4m

2.2m

 **面积较小**

卫生间设计储物柜还需考虑到功能性要求，对于储物柜的位置设计也应与整体卫生间相嵌合

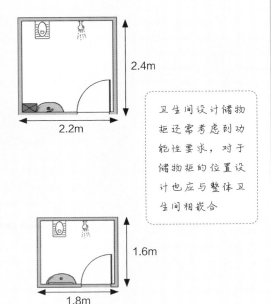

1.6m

1.8m

4.3　增减项目要多沟通

在装修过程中，增减项是一项不可避免的工程，同时也是一项比较麻烦的工程，装修公司是很不愿意看到减项的，这意味着他们的工程款又得少一点。增减项更多的是需要房主人和装修公司多沟通，需要房主人将自己的需求完完整整地告诉给装修公司，最后谈定的增减项的价格也一定要记得白纸黑字地记录下来，以免后期出现信息错误。

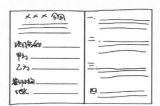 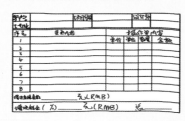

大部分增减项都出现在水电和木工这一块，而水电又是最重要的基础工程，对于线路的改造在最初的设计图稿中就要基本确定下来，否则后期增线和改线的费用也会相对比较高

 只打书柜

 打书柜和酒柜

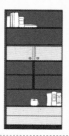  

就木工来说，并不是柜子打得越多越好，柜子越多，相应的价格也会越贵，最重要的在于你需不需要在此地打柜子，你所需要的存储空间是否足够，否则就是既费钱又费空间了

4.4 面盆的大小一定要沟通好

面盆的大小很重要，这不仅仅是出于美观方面考虑，同时也是因为在设计卫生间面盆地柜的时候需要先确定面盆的尺寸，以免后期安装时面盆不能与地柜契合。面盆确定好之后一定要告知设计师，要和设计师多沟通，确定所选的面盆是否合适。

1 挂盆   **2** 超薄台下面盆

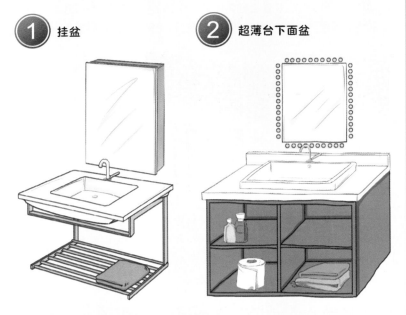

面盆的尺寸有很多，如600mm×405mm×155mm、410mm×310mm×140mm、500mm×430mm×450mm、610mm×470mm×65mm以及600mm×450mm×185mm等，其中500mm×430mm×450mm的面盆是常用挂盆的尺寸，能够有效节省空间，适合小户型家居使用；610mm×470mm×65mm的面盆时尚气息比较浓重，外形比较具有设计感，属于超薄台面；600mm×450mm×185mm的面盆是比较传统的台下式面盆，使用起来很便捷，这款面盆的许多特点都是继承自传统面盆。

4.5 板材的规格一定要沟通好

◎ 规格？板材的尺寸不都是2440×1220mm的吗？

☆ 是的，但板材还有尺寸、品牌以及环保系数等的不同，所以一定要提前和装修公司沟通好，并在装修合同中标明。

◎ 用装修公司推荐的板材不就可以了？

☆ 可以，一般装修公司都会推荐环保系数比较高的板材，这样成本也会比较高，但要记得检查现场使用的板材和合同里标明的板材是否一致。

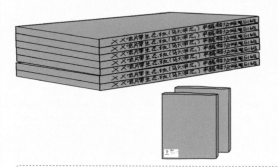

不同的板材适用于不同的情况，有的板材其实并不能随意弯曲、造型的，板材的类型需要提前和装修公司沟通好，现在做柜子比较常用的板材是生态板，板材的常用厚度有3mm、5mm、6mm、9mm、12mm、15mm、16mm、18mm、25mm

12mm

15mm

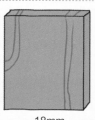

18mm

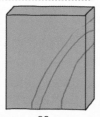

22mm

使用频率较高的板材有以上几种

4.6　木工进场前要多沟通

现在的木工师傅基本都身经百战，经验十分丰富，可能设计图纸不能完完全全地将你的想法表现出来，但语言是描绘场景的工具，在木工进场前一定要将你的想法告知给木工师傅，将柜子的雏形很好地表现出来。

除这些之外，还需要你购买衣柜的推拉门、格架、裤架、大衣杆等，如果你想在家中安装固定的个性屏风，也需要在木工进场前就买好。

对于板材的处理以及多余板材的运用，在木工进场前一定要和木工师傅好好沟通，避免出现浪费，木工师傅的工具箱、工作台以及空气压缩机等工具的所有权一般是装修队长或装修公司的，需要你购买的物件在和木工师傅沟通过后一定要及时下单购买。

4.7 和施工人员多沟通

在装修过程中还是建议多和施工人员沟通，毕竟直接施工的人是他们，检查问题的也是他们，解决问题的还是他们。和施工人员多沟通，也能确定他们是否已经明白了你的意图，能够让施工师傅感受到你对他们的尊敬，他们自然对你家的装修工作会更上心了。

鞋柜可以做大一点，我们家鞋子比较多，电视背景墙的图片我等会给您看，麻烦您了

这个好做，您放心，肯定满足您的要求

对于一些边缘工程，就更需要和施工人员多沟通了，这种边缘工程需要几个工种同时配合，只有负责任的工人才会相互协调，不会来回踢足球，推卸责任。每一个施工人员的经验不同，和他们多沟通，你也会学到不一样的新东西

4.8　防白蚁处理的细节多沟通

　　防白蚁的工作一般是由专业的防白蚁公司来操作的，当然你也可以托付给装修公司，这样也能节省不少时间，但要记得就防白蚁的细节一定要好好沟通，这关乎未来柜子乃至整个家装空间的使用寿命问题。

做防白蚁处理时要注意白蚁药要选择对人体无害的、无刺激性气味的白蚁药，如果家中有孕妇、小孩或者老人的，需要咨询防白蚁公司是否可以喷白蚁药

喷地板

喷地板材

湿喷白蚁药以喷为佳，即可明显看到湿润，要注意在打完墙和线槽垃圾清理完后，进行一次全面的防白蚁处理，即全屋喷洒白蚁药；铺木地板前要对铺木地板的地面做一次防白蚁处理；所有板材进场后也需要进行防白蚁处理，主要是针对木板类做防白蚁处理

4.9 墙面顶角的装饰要沟通好

◎ 什么是墙面顶角?

☆ 墙面和顶面的交汇处就是墙面顶角。

　　住宅空间内部结构的不同、装修风格的不同以及装修预算的不同等都会对墙面顶角的装饰产生不一样的影响。而墙面顶角即使不做任何修饰也很漂亮,不过要事先和油漆工沟通清楚。

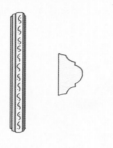

石膏顶线美观性较强,同时还能起到防火、保温、隔声、隔热以及防潮的作用

木顶线使用得比较少,一般在欧式古典装修中,成本高,制作复杂,容易开裂掉漆,接缝处不好遮掩

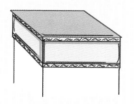

壁纸顶线一般用于有壁纸的房间,但刷乳胶漆的房间同样也可以使用,安装、更换都很简单

　　比较大众的是选用石膏线对墙面顶角进行装饰,石膏线的造型也很丰富。如果选用石膏线作为墙面顶角装饰,那么石膏线的造型、色彩、尺寸等都要提前沟通好,以确定整体空间的统一。除此之外,还有使用木顶线和壁纸顶线做墙面顶角装饰的,至于最后选择何种作为顶角装饰,就看与你的整体空间搭不搭了。

4.10　注意楼上的防水工程

◎ 楼上的防水工程和楼下住户有什么关系?

☆ 关系大着呢。如果楼上的防水工程没有做好，到时候遭殃的就是楼下住户的吊柜和墙面了。

◎ 遇到楼上防水工程有问题时，怎么办?

☆ 告知楼上的住户和物业，天花板也要再做一次防水工作。

 楼上卫生间、厨房的防水层没有做好

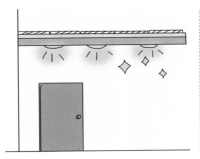

此种情况下需要楼上敲掉地砖重新做防水，一般规范施工应该做三次闭水试验，第一次在装修工人进场前，第二次是水电结束后，第三次是瓷砖铺贴后，基本按照此种工序施工的防水不会出现问题

 楼上住户卫生间或厨房的地漏堵塞

此种情况下积水主要是通过暖气管的套管漏出，导致天花板被浸湿。需要填实楼上住户暖气管和套管之间的空隙，然后再用油腻子填实、抹平

楼上出现漏水问题一定要找准原因，不同的情况，解决方法也不同。

4.11　确定好家具内面是否刷漆

◎ 家具刷了漆会不会有毒?

☆ 不会，但是如果家中有两岁以下的小孩子或者是孕妇等还是建议不要刷漆比较好，毕竟刷漆会让空气中的甲醛含量增多。当然，刷漆后室内也可以放一些活性炭吸吸味道。

◎ 嗯……现在有些人刷的是白漆，那刷完白漆后还要不要刷清漆?

☆ 可以再喷涂一遍清漆，但是这个对师傅的手艺要求比较高，要找一个手艺好的师傅才可以。

亚光油漆会比高光更漂亮，确定家具内面是否刷漆，应当再次核算预算，因为要想油漆喷涂得好，师傅的人工费相应地是会比较高的

传统的手工刷漆会存在不均衡的现象，导致表面纹理粗糙无光泽，因此最好选择喷涂

4.12 刷木器漆的时间要沟通好

如果你真的决定给木器刷漆，那么刷木器漆的时间一定要多沟通，要控制好，最好等房间铺完地砖或木地板后再刷；如果一定要刷，也要将房间打扫干净。

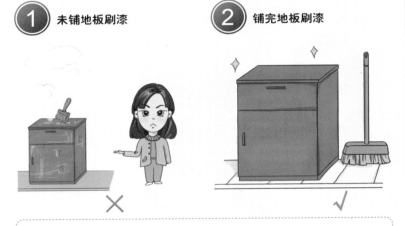

1 未铺地板刷漆

2 铺完地板刷漆

没铺地砖或木地板的房间，空气中的粉尘含量很高，在此时刷木器漆，粉尘容易附着在刷过木器漆的木制品表面，触摸会有刺痛的感觉，这种情况虽然可以用较高标号的砂纸打磨后再刷一遍解决，但是最后呈现出来的整体效果会比较差；房间铺完地砖后再刷，空气里的粉尘含量也会相对较少，基本不会出现刷过一遍木器漆后粉尘附着在木制品表面的情况

补充小贴士

木器漆选择水性漆为佳，但是水性漆不耐磨损，涂刷到家具台柜表面后，时间久了容易磨花，因此建议在家具台柜表面铺装人造石石材或彩釉玻璃，装饰效果好且耐磨损。至于传统的油性木器漆不建议使用，因其具有很强的挥发性，大量散发苯等有害物，对人体健康不利。

4.13　鞋柜格局考虑要全面

　　鞋柜一般设置在玄关处，为了更方便日常的家居生活，鞋柜格局设计必须要考虑全面，你可以将你所需鞋柜的功能告知给设计师，设计师会根据你的需要以及室内结构环境来进行合理的设计。

鞋柜要透气一点，能装比较多的鞋子，还要有镜子……

鞋柜可以设置一层专门放包的空间，也可以设置一层格子专门放置小物品，如钥匙、零钱等，出门时也不会太过慌乱，还可以在隔层处设置一面镜子，既方便出门补妆，也能使整个住宅空间显得比较宽敞

4.14 鞋柜的设计细节

◎ 鞋柜要做到顶吗？

◎ 家里鞋子很多，做到顶应该能放的东西要多一点吧？

☆ 是的，鞋柜可以做到顶，一方面这样比较美观，另一方面也比较容易清洁，储存空间也会变大，但空高比较高的还是建议鞋柜不要做到顶。

◎ 那鞋柜隔板呢？好多人都做到头了，这样空间利用率比较高吗？

☆ 鞋柜的隔板建议不要做到头，要留一点空间能够让鞋子上的灰尘落下，而且一般来说，鞋柜的空间利用效率都比较高。

鞋柜是否做到顶还需考虑到玄关空间的大小和鞋柜本身的尺寸。过于狭长的玄关是不建议做到顶的，空间较大的玄关，鞋柜做到顶会比较协调；鞋柜本身尺寸过小，也是不建议做到顶的，这样会显得头重脚轻，会给人一种不安定感，整体空间的平衡感也会被打破

　　玄关鞋柜做到顶不仅可以有效地利用垂直空间，增强收纳效果，在风水上也是好的象征，能够规避财气外漏，但最终决定鞋柜是否要做到顶还是要依据户型结构和装修风格等来定。

4.15 鞋柜柜门最好用百叶门

◎ 鞋柜可以不要柜门吗？

☆ 建议设置柜门比较好，毕竟鞋子还是有一定异味的，而且一入户就看见裸露在外的鞋子，给人的第一印象也不好。

◎ 鞋柜柜门是自己买吗？

☆ 可以自己买，也可以委托装修公司买。

◎ 鞋柜柜门是用百叶门好还是用封闭门好？

☆ 鞋柜柜门最好用百叶门，防臭。

百叶门鞋柜具有良好的通风性和透气性，装饰效果也比较好，鞋子在潮湿状态下也能自然风干，对健康也是有好处的，透光性也比较好，在杀菌防毒方面都有利

封闭式门的鞋柜透气性是非常差的，柜门没有缝隙，导致了鞋柜内空气不流通，异味在鞋柜内堆积，带了雨水的鞋子放置在其中也很容易发霉，滋生细菌

4.16　区域不同，酒柜设计不同

 **酒柜在厨房**

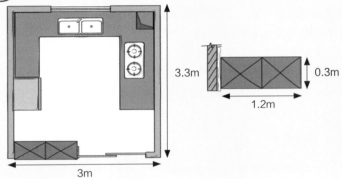

当酒柜设计在厨房时，要注意靠近厨房那一面柜体的防水处理，柜体的厚度设计也要有所不同

② **酒柜在客厅**

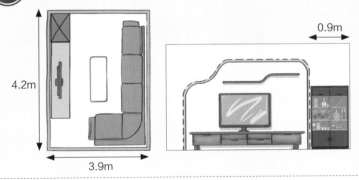

当酒柜设计在客厅时，要考虑到酒柜与客厅电视背景墙的融合感，不能设计得太大，显得突兀，也不能设计得太小，显得很低端

4.17 酒柜的分隔不宜过多

◎ 酒柜分隔多一点不是放的酒的品种就多一点吗？

☆ 其实并不是，大部分家庭中酒柜都是没有装满的，而且分隔太多，视觉上密密麻麻，会给人造成压抑感，尤其是有密集恐惧症的人，分隔多的酒柜简直就是他们的噩梦，所以酒柜的分隔必须适当。

◎ 酒柜一般分隔多少比较合适呢？

☆ 一般稍大些的酒柜设计15格左右即可，稍小些的可以设计9~10格。在设计时，可以选择最常见的酒类品种作为设计参照。

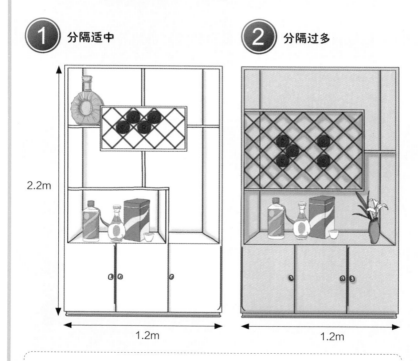

① 分隔适中   ② 分隔过多

2.2m   1.2m   1.2m

酒柜分隔过多，不仅制作工艺变得复杂，整体酒柜的制造价格也会跟着一起上涨，然而实用性并没有增加很多

4.18 衣柜柜体和柜门风格要统一

　　柜门和衣柜保持统一性的目的在于维护整体室内空间的协调性和美观度。在色彩、材质等方面，柜门都应与衣柜柜体相同或者相匹配，不能将矛盾的两种元素组合在一起，这样会拉低整体衣柜的颜值，也会降低室内空间的质感。

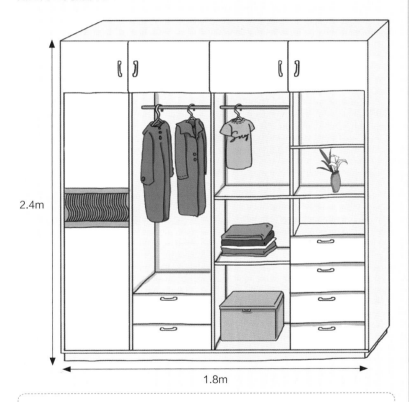

衣柜柜门和柜体的色彩要为互补色或者相近色，颜色不能太过跳跃，这样容易引起视觉不适。衣柜柜门和柜体的材质也建议选用相同的，当然也可以选用不同的，但要考虑到两者重量匹配的问题

4.19 衣柜推拉门大小要适宜

为了更好地利用空间，现在衣柜基本都使用推拉门，推拉门不仅美观，选择样式也很多，比较常见的有玻璃推拉门、板式推拉门、实木推拉门以及塑钢推拉门等,不同形式的推拉门，尺寸大小也会不一样。

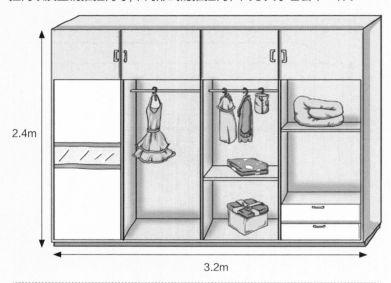

一般单扇玻璃衣柜推拉门建议宽度不要超过0.95m，高度要控制在2.4m内；单扇板式衣柜推拉门建议宽度不要超过1.2m，高度要控制在2.4m内；单扇实木衣柜推拉门建议宽度不要超过1.5m，高度要控制在2.6m内，此外四门式的推拉门衣柜的尺寸一般为2.6m×0.6m×2.4m

补充小贴士

除去衣柜背板和衣柜门，整个衣柜的深度一般在530～580mm，这个深度也比较适合悬挂衣物。

4.20 衣柜格局要明确

　　使用者不同的生活习惯和不同的衣服种类等是决定衣柜格局的重要因素，为了使用更便利，衣柜的格局一定要明确。

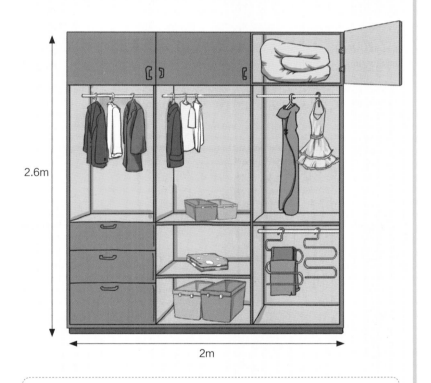

衣柜一般可以分为挂衣区、挂裤区、叠放区、存放区和抽屉。依据衣服种类的不同，挂衣区又可以分为挂大衣区和挂上衣区；挂裤子区因其挂裤工具的不同，设计的尺寸也有不同。衣柜内部格局尺寸，要充分考虑到使用者的个人生活习惯以及房间的大小，只有设计出真正实用的衣柜，那么花费掉的白花花的银子才算是值得的

4.21 衣柜的内部尺寸要适宜

　　挂上衣区最低高度要在0.8m，要充分利用空间，挂长大衣区的高度要不低于1.3m；挂裤区如果使用裤架，空间尺寸要保留在0.65m之内，如果是用衣架挂，至少要保留在0.7m之内，挂衣杆距离上面板之间的高度要在40～60mm，挂衣杆的安装尺寸高度，要在女主人的身高基础上再加200mm；叠放区的宽度要在0.33～0.4m，高度不低于0.35m，层板与层板间距要在0.4～0.6m，太小或太大都不方便放置衣物；存放区主要放置不常用的物品，存被子的区域高度尺寸要不低于0.4m；抽屉的尺寸高度要在0.15～0.2m，宽度要在0.4～0.8m。

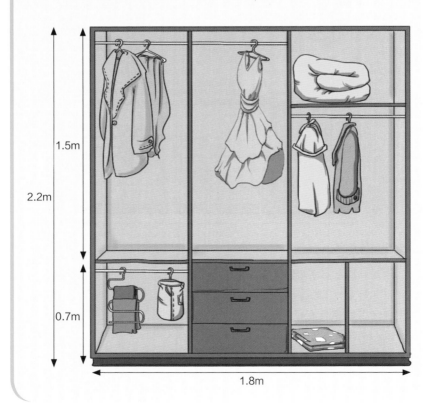

4.22 衣柜柜板要选择质量好的

　　衣柜柜板的好坏决定了衣柜整体的质量及其使用寿命，较早一些的衣柜是选用木工板和纤维板以及刨花板制作的，随着时代和科技的进步才慢慢开始使用多层实木板和生态板做衣柜的柜板，前三种板材环保系数都不同，后两种板材环保系数基本已经达到了国家标准。

木工板也被称为大芯板，细木工板握螺钉力好，加工简便，但甲醛含量较高

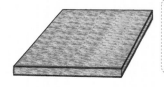

纤维板表面光滑，易造型，韧性也好，但用胶量过大，不环保，防潮性也较差

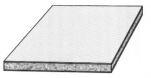

刨花板隔热性、吸声性和防潮性都不错，但不易现场制作，环保系数比木工板要高

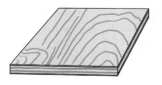

多层实木板具有较好的结构稳定性，不易变形，生产使用的是环保胶，但普遍价格较贵

生态板花色丰富，耐磨性和耐高温性能都较好，且防潮、防水，握钉力也比较好，属于环保板材

4.23 卫生间储衣柜格局要分明

卫生间储衣柜的格局设计与所选用的洗漱用品以及衣服的厚重度、衣服的材质等有很大的关系，当然与卫生间室内的大小以及内部结构也会有联系。储衣柜的格局要分明，否则只会显得物品更乱。

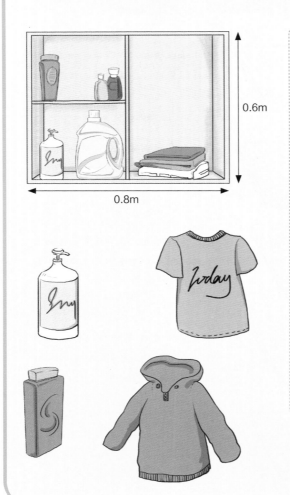

不同容量的洗漱用品和不同重量、材质的衣服折叠之后所需要的存储空间会有不同。储衣柜的尺寸要以最大容量的洗漱用品为参考依据，常用的洗漱用品由于经常沾水，不建议放置在储衣柜内，屋主人可以将自己屯的那些洗发露、沐浴露等放置在储衣柜内，后期需要时也可以直接从柜子里拿

4.24 书柜设计以最大的书为参考

书柜从古至今一直存在，书柜也代表了使用者的品位，合理的书柜尺寸更能让精美的藏书各得其所，为了能将杂志、文学类书籍等完美地放进书柜，可以以最大的那本书作为设计的参考。

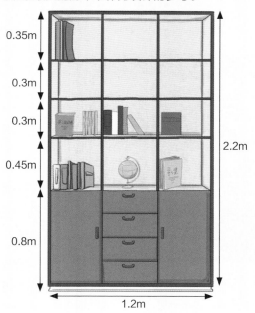

不同的书籍，所需的空间也不一样，一般32K的书，层板高度可设置在240mm～260mm，16K的书，层板高度可设置在280mm～300mm，比较大规格的书籍一般尺寸在300mm～330mm，可设置的层板高度在350mm～400mm。书柜抽屉的高度可设置在150mm～200mm。书架高度则一般在1800mm～2200mm，书架搁板跨度不宜过大，最好在1m以内，否则置书后容易变形

书架或书柜中的各类书籍，开本尺寸各异，在实际陈设中可以按照一定的规律将它们摆放在书柜或书架上，也是一种非常好的装饰。

4.25 分类设计的书柜让人舒服

还记得你逛的商场吗，琳琅满目的商品如果没有分类陈设，恐怕大部分时间你都在懵圈中。书柜分类设计，其实是相同的道理，这种设计方式能够更方便日后查阅资料，并且将大人区和小孩区隔开，也不用担心你心爱的书籍被小朋友撕破，小朋友也能在书柜里找到另一番天地，而且分类之后，整个书柜会更干净整洁，视觉上也会非常舒服。

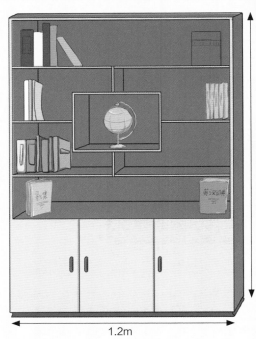

书柜分类设计可以依据不同的方式来分区，例如可以依据书籍的大小、书籍的类别、书籍的适用人群等来分，当然，最重要的还是依据使用者的阅读喜好和阅读习惯来定

补充小贴士

在书柜的每一个分区贴上小标签，这种方式对于总找不到书籍和生活比较严谨的人来说无异于一剂良药。而书籍分类摆放，也可以提高视觉美感，美化书房空间，增强使用者的阅读热情。

4.26 敞开的书柜会更好

◎ 不要柜门的话，岂不是灰尘很多？

☆ 灰尘确实是会有，但如果书柜里的书你不看，同样也是会有灰尘的。

◎ 书柜不要柜门有什么好处？

☆ 柜门会成为你阅读的一大阻碍，无门的书柜想看什么书顺手就可以拿走。

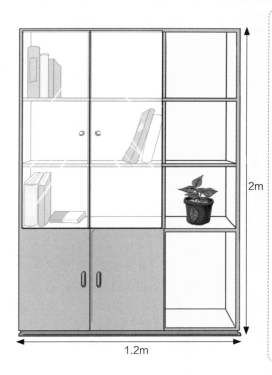

书柜有门相当于是有了一层隔板，本身在视觉上就有一定的影响，容易让人看不清书名，也会因此对书籍失去一部分想看的欲望。同时书籍还存在油墨问题，在封闭的书柜内气味得不到疏散。而无门的书柜在成本上就相对较低，且美观性更强，但却不易清洁。最好的方法就是将二者结合，进行合理的设计

书柜是否要门还是取决于使用者自己，如果为了使用方便，可以选择无门的书柜；如果你对阅读的热情高，且不怕麻烦，那么你可选择有门或者无门和有门相结合的书柜。

4.27　床的上方不要设计书柜

有许多人为了增加储物空间，会选择在床的上方设计衣柜，其实从设计学角度来讲是不提倡这样做的，建议床的上方最多也就设计几个层板，放置一些比较轻质的物品，太重的物品放置其中，不仅会对层板产生压迫，而且一旦掉落，还会对人的安全造成伤害。

人在休息时需要一个安稳的睡眠环境，在床的上方设计衣柜会给人一种压抑感，导致睡眠质量很不好，严重的甚至会做噩梦

卧室的床头柜就已经兼具了书柜的功能，需要经常阅读的书籍可以放置在床头柜上，如果担心有灰尘堆积，可以将其放入床头柜内，需要时再拿出来即可，这样不仅避免了室内压抑环境的形成，同时也能节约成本，高效利用床头柜。

补充小贴士

为了不浪费空间，可以选择在床的底部设置储物柜，同时可以选择成品带柜子的床，这样也能缓解床上柜带来的尴尬感与压抑感，但必须要了解的一点是购买的成品床价格不一，质量也会有所不同，带有柜子的成品床建议选购品牌的。

4.28 充分利用阳台空间

◎ 阳台除了晒衣服或者做娱乐空间外还能做什么?

☆ 还可以做储物空间，种植绿植的空间等。

◎ 小阳台做不了储物空间，还可以做什么?

☆ 小阳台还可以在其中设置层板，层板上再放置几株绿色的小盆栽，一眼望去满眼的翠绿，十分好看，也不会影响到晾晒。

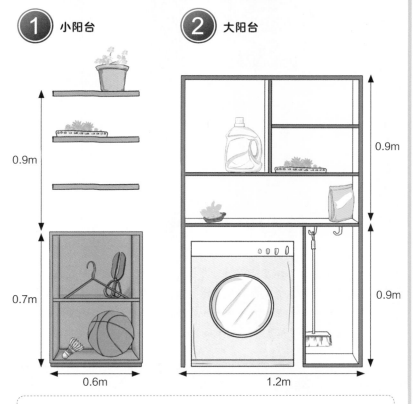

1 小阳台

2 大阳台

阳台面积比较合适的，可以在放置洗衣机的区域设计小柜子，这样也方便放一些杂物，如洗衣粉、拖把等，既美观又实用

4.29 阳台柜的优选做法

阳台柜一般分为阳台地柜和阳台吊柜，阳台吊柜一般在阳台顶端，这种情况下的阳台柜背面要加上一层泡沫塑料，以便更好地隔热、防水，柜门最好选择防火不变形的，毕竟户外的环境有时候会很恶劣。

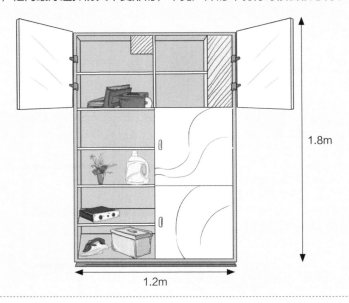

阳台柜可以采取"抽屉+掩门柜+开放柜"的形式，这种形式能让阳台显得更加灵巧，并且能尽可能地扩大空间的利用率，还能化解横梁带来的尴尬。如果阳台有凸出的柱子，可以将阳台柜设置成内嵌式的，将柱子包裹在其中，也比较美观

阳台的地柜一般有两种形式，第一种是在阳台两边做，这种比较适合两侧也有窗户的阳台，可以保证阳光照入的通透感；第二种是只做在阳台一侧，这种方法比单做一个地柜的储物量大很多。由于阳台要晾晒衣服，底部会有水汽，所以阳台地柜最好与底部拉开一点距离，这样也能防止材料经常接触水汽，影响使用寿命。

4.30　根据厨房大小设计橱柜

厨房的面积和内部结构决定了厨房内所能放置的物品数量，同时也是影响橱柜造型的重要因素。

 一字型橱柜

一字型橱柜主要适用于面积较小的厨房，橱柜多以一字排开的地柜为主

2 **L型橱柜**

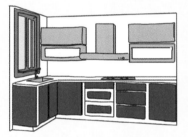

L型橱柜适用于方正形厨房和开放式厨房，比较节省占地空间，转身操作的空间也比较流畅

3 **U型橱柜**

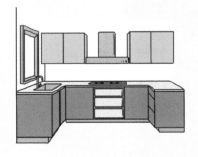

U型橱柜适合空间比较大的厨房，能够放置的厨具较多，空间利用率也较高

4.31　做橱柜之前要做的准备

正式开始做橱柜之前其实是需要准备很多东西的，首先你得想清楚你要问的问题，最好列出清单以免遗忘，对于市场上的行情也应该有所了解；其次你得明确橱柜的风格要和厨房的整体风格一致，燃气改管最好在贴瓷砖之前完成，不然有可能会破坏墙面，最好让燃气公司画个图或在墙面上做标志，橱柜公司是需要根据要求在柜身开孔的。

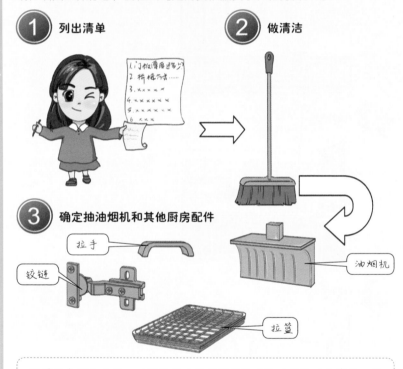

1 列出清单

2 做清洁

3 确定抽油烟机和其他厨房配件

拉手

铰链

油烟机

拉篮

记得准备好水电图，以便更好地进行橱柜的具体功能设计和布置，还需要检查墙砖与地砖铺贴是否还有缺陷，煤气管路是否改造到位。最后比较重要的就是选好合适的品牌，测量好厨房的尺寸，也可以交由橱柜安装人员测量

4.32　橱柜的柜门建议用防火板

◎ 一般橱柜柜门可以用什么板材制作呢?

☆ 有很多,比较常见的有双饰面板、防火板、烤漆板、吸塑板以及实木板等。

◎ 哪一种板材比较适合呢?

☆ 一般建议选择防火板,防火板的耐热性是非常好的,表面不易被灼伤,适合厨房使用。

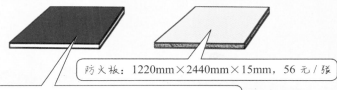

防火板:1220mm×2440mm×15mm,56 元 / 张

双饰面板:1220mm×2440mm×15mm,156 元 / 张

实木板:1220mm×2440mm×15mm,230 元 / 张

烤漆板:1220mm×2440mm×15mm,187 元 / 张

吸塑板:1220mm×2440mm×15mm,98 元 / 张

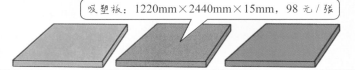

双饰面板花色比较自然,耐磨性好,但花色样式较少;防火板寿命较长,防潮和防渗漏性能较好,也比较耐热,但必须封边,只能做平板;烤漆板则不需要封边,整体感较好,防水性能也极佳,但表面容易被划伤;吸塑板色彩丰富,不容易开裂和变形,也比较抗热,但价格相对较贵;实木板造型比较丰富,但容易开裂,且价格昂贵,制作工艺较复杂

4.33　橱柜人造石下要有垫板

◎ 橱柜人造石下一定要有垫板吗？如果没有是不是就不能在上面剁肉了？

☆ 最好还是有垫板，没有垫板的人造石台面只能切一些比较小的肉，长此以往，人造石台面的使用寿命也会减短。

◎ 橱柜人造石下用什么样的垫板比较好呢？

☆ 现在垫板的种类有很多，如厚木板、铝合金条、石条等，但建议选择垫石条或者厚木板，石条不会腐蚀，也不会发潮，厚木板抗压性能较强。

由于人造石在水平面上有一定的弹性，没有垫板，橱柜本身的框架承担的重量会比较大，遇到尺度较大的柜子，时间一长，就会出现凹凸不平的现象，尤其是树脂含量高的人造石，变形非常明显。橱柜的人造石下加一层垫板可以有效提高橱柜的使用寿命，而且如果在台面上剁菜或者骨头之类的东西，也不用担心由于受力的问题而导致人造石台面断裂。预定橱柜之前一定要和商家商定好，不然他们有可能安装时不会添加垫层，一般负责任的厂家，都会在台面下垫上达到E1级别的，且封上边的整板

4.34 橱柜使用中的小细节

橱柜从外观上来看，除了大小和颜色的差别之外，其他基本都相似，在使用橱柜的过程中，需要将其内部构造了解清楚，这样我们也能更好地使用橱柜了。

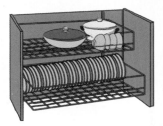

橱柜的抽屉护栏内一般会有分割架，这种设计可以增加摆放物品的容量，也能保证碗碟等不被摔坏

抽屉下方的防滑垫，可以避免抽屉推拉导致抽屉内物品晃动产生噪声，既保护了抽屉底板，又易于清理

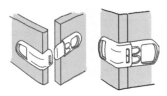

橱柜为了防止小孩接触到比较尖锐的器具，一般都会配备安全锁

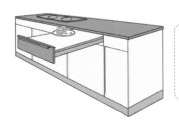

抽拉餐台是用折叠轨道将餐台收藏在柜体里面，既可以作为早餐餐台又可以作为烹饪的烹饪料理台

4.35 橱柜要认真选择，货比三家

橱柜是厨房中使用频率较高的用具，橱柜的色彩和风格也彰显了厨房的个性魅力。橱柜一定要认真选择，要货比三家，橱柜关乎灶具以及水槽等厨具，制作必须非常稳固、结实，即使多花点钱，也是值得的。对于橱柜的配件拉篮、调味篮、米桶等建议可以自己买，这样选择样式也比较多，这些配件在橱柜公司普遍也卖得比较贵。

不同的公司，制作橱柜的人工费是不一样的，可以多询问几家，将各商家产品的优缺点罗列在纸上，最后再做选择，这样的方式虽然比较麻烦，但却是比较靠谱的，也能很好地避免冲动消费

4.36 成品橱柜选购小妙招

要选购一套比较好的成品橱柜，所要考虑的因素很多，例如板材要使用环保板材，橱柜的整体效果要好，板材的封边要漂亮，打孔要到位等，这些因素决定了橱柜的整体含金量如何。

 看裁板是否精准

裁板是橱柜生产的第一道工序，裁板均匀的橱柜触感比较光滑，也不会有崩茬现象

 看打孔尺寸是否合适

孔位的配合和精度会影响橱柜箱体的结构牢固性，劣质橱柜是手工打孔的，孔位容易对不上，箱体会显得不规则不牢固

 看封边是否漂亮

优质橱柜的封边细腻、光滑、手感好，封线平直光滑，劣质橱柜封边凹凸不平，封边会有划手的感觉，且封边很容易开胶、脱落

看门板是否平整

门板是橱柜的门面担当，不易受潮、不易变形的门板才是优质门板，值得选择

⑤ **看整套橱柜的组装效果**

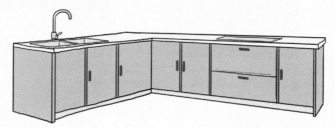

好的橱柜的小缝隙都会比较均匀，门板也很平直，所有门板尺寸、花色等都应一致

⑥ **看抽屉的滑轨推拉是否顺畅**

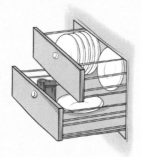

优质的橱柜抽屉缝隙都很均匀，抽屉不会出现拉动不顺畅或者左右松动的状况

4.37 橱柜安装要知道的小细节

橱柜安装时间较长，安装时要检查清楚材料是否是你订购的那种，一般通过铰链孔就可以看到柜体材料。橱柜安装前一定要记得将厨房彻底清洁一次，因为柜子一旦装好，厨房内的死角就没办法再清洁了。

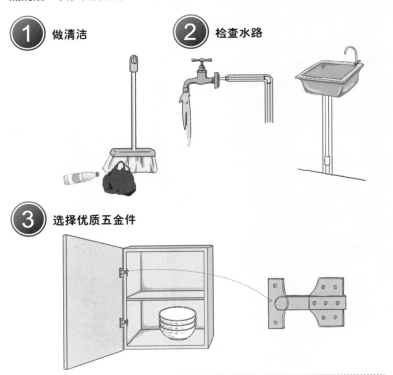

1 做清洁

2 检查水路

3 选择优质五金件

在安装橱柜前还要确认水路是否正常，要注意橱柜安装时，五金件的封口要做好，水槽下面的软管一定要保持通畅，避免积水和倒水，各个接口也一定要密封，否则会水漫金山。地柜的连接件也要连接紧密、牢固，要注意避免不良商家为了节约成本用自攻钉来代替连接件，一定要做好监督

4.38 橱柜环保质量要保证

　　同一类板材，环保系数也会有不同，橱柜是放置碗碟、筷子的地方，对于环保质量的要求就更高了，毕竟病从口入，在选择橱柜及其板材时一定要查看其环保指数是否达标，没有达标或者在达标基本线的也尽量不要购买。

1 使用环保板材

2 缝隙注入玻璃胶

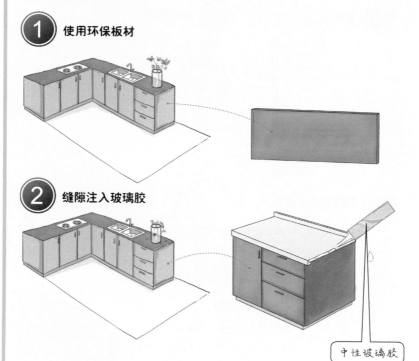

中性玻璃胶

环保型的橱柜要对橱柜的面板以及橱柜的柜体板和粘胶等进行相关处理，要保证橱柜的各项环保指数达标。环保型橱柜做工也应该美观，而且台面质量也要有保障，五金配件等都应使用高质量的，且所用的制作材料也应是可循环利用的，设计要具备节能性和安全性

4.39 关于煤气表

燃气表作为家庭必备，但却充满危险性的物件，在安装时一定要格外注意。一般安装橱柜的时候，燃气表拆装是同时进行的，且必须是由专门从事天然气安装的人员持证上岗进行拆除安装。燃气表也是不建议安装在橱柜内部的，因为橱柜内部属于封闭式空间，燃气表安装在其内，后期检查和更换电池时也会不方便操作，且燃气是气体，本身容易泄漏，一旦泄漏的气体充斥柜体，那么爆炸就有可能随时发生。

小风扇

燃气表

如果一定要将燃气表放置在橱柜内，那么不可再放置其他物品，燃气表上的零部件也不能随意更换，最好安装一个小风扇来增加橱柜内部的空气流通，小风扇连接通风管至橱柜底板，底板与地面之间还有100mm高度，可以将空气与橱柜外部交换，以免发生爆炸事故，毕竟安全才是最重要的

如果觉得将燃气表放置在外面不美观，非常想要追求美观性，想将燃气表放置于橱柜中时，一定要在橱柜的柜门或者下板面上打孔，保持通气和通风，橱柜柜门也建议选择百叶门。

4.40 吊顶要注意抹平腻子

吊顶是对顶面的一种装饰，好的吊顶自然会让人心情愉悦。在涂抹吊顶腻子之前要做好表面底层清洁，清除掉表面的灰尘、泥土、杂物等，批腻子的遍数，要根据基层的平整情况，适当掌握，一般2～3遍即可。

1 清理基层

铲刀刮平

2 刮涂腻子

腻子粉加水调和后刮涂平整

360#砂纸打磨

批腻子的厚度要适中，过厚的腻子不仅容易剥落、起皮，还会增加多余的费用，腻子涂抹过程中要记得抹平，这样也能方便后期涂刷乳胶漆，整体顶面也会处于同一水平面，美观性较好；刮完腻子后还要注意打磨，这样既能很好地找平，也能增强涂料的牢固性

4.41　挑高空间的客厅吊顶

　　挑高的客厅空间比较大，室内空间装饰太少，反而会显得空间太过空旷，令人产生压抑感，对此可以在客厅顶面处做相应的艺术处理。建议选择一些圆形的艺术吊顶，搭配欧式的多层次大吊灯，奢华有韵味；也可以在顶面做一些色彩搭配，或者用石膏雕刻一些简单造型，也能使得吊顶更富有层次感，在灯光的选择上可以搭配筒灯、射灯等。

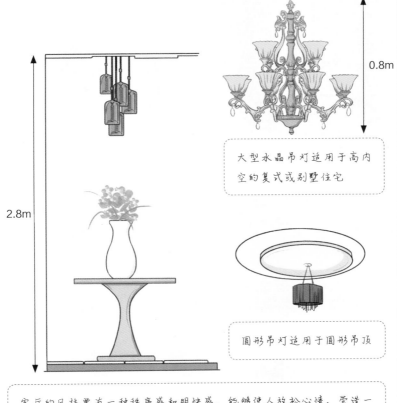

0.8m

大型水晶吊灯适用于高内空的复式或别墅住宅

2.8m

圆形吊灯适用于圆形吊顶

客厅的风格要有一种秩序感和明快感，能够使人放松心情，营造一个比较好的聊天环境

4.42 完善小客厅的吊顶

对于面积比较小的客厅，太过繁杂的吊顶反而会降低客厅整体的美观性，可以用简单的造型来完善小客厅的吊顶，使其充满艺术色彩。在设计吊顶时，要尽量避免棱角出现，不要将吊顶设计得条条框框、棱角分明，这样会显得客厅的吊顶太过刚硬。

棱角分明的吊顶用于小客厅时会给人一种突兀感，可以选择圆形或椭圆形的吊顶来装饰小客厅

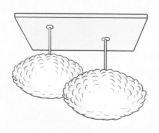

小客厅的吊顶色彩建议尽量以浅色为主，如米黄色、象牙白等，还可以用反光的材料来装饰墙面，也能起到增大面积的视觉效果

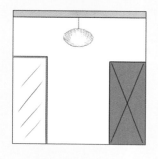

可以用镜面墙来消除吊顶给小客厅带来的压抑感

4.43 厨房吊顶安装时的小细节

在厨房安装铝扣板吊顶时要注意烟道的阀门装回去之前，一定要擦干净，要保证阀片能够开关自如并能开到最大，否则会影响抽油烟机的排烟效果，可以在安装吊顶时预留出抽油烟机的位置，等抽油烟机安装完成，试用无误后再将吊顶装好。

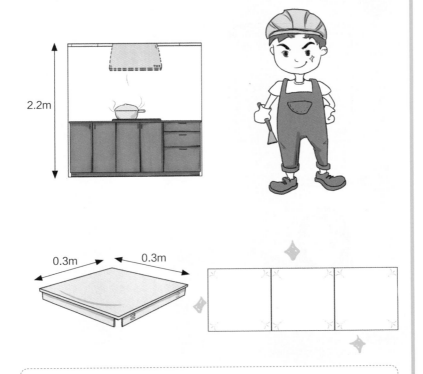

厨房要选择价格合适、质量上等、使用寿命长的铝扣板吊顶，铝扣板安装之后要注意检查安装是否平整，顶面安装后表面是否无缝隙，吊顶与电气安装是否一致，表面是否有磨花，安装铝扣板吊顶一定要选择专业的、正规的装修团队

4.44   选好卫生间铝扣板吊顶

从风格、价格、材质到使用价值等，影响铝扣板吊顶的因素有许多，在选购时，建议多看几家，也可以询问已经安装好铝扣板吊顶的邻居等，多方咨询，自然能够选购到合适的铝扣板吊顶。

 从材质考虑

厚度在0.6~0.8mm的铝扣板硬度都属于正常值，可以选购

 从底漆考虑

底漆可以保护铝扣板，防止生锈霉变，高质量的铝扣板的底漆喷涂均匀，肉眼观察板底时，不会发现有银灰色小点

 从色彩考虑

卫生间铝扣板建议选择色彩比较素净的，所选择的色彩还需与卫生间整体的装修风格相匹配

向下一步进发

Chapter 5

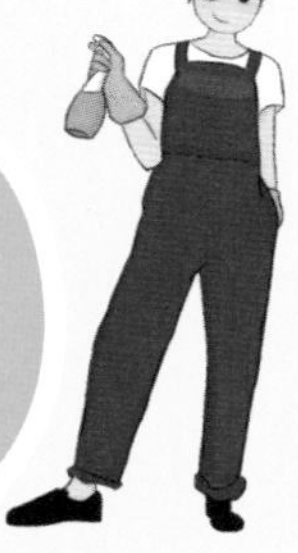

我的粉刷我做主

识读难度：★★★★☆

核心概念：刷乳胶漆、贴墙纸、墙纸选购、
墙纸保养、乳胶漆色彩

5.1 是否DIY? 你来定

◎ 终于可以开始装饰墙面了，是自己DIY好还是交由装修公司好呢?

☆ 其实都可以，最重要的还是看使用者的喜好，基本上材料、技术都由装修公司把控，而DIY的优点则在于使用者可以全程自己操作，更有趣味性，成就感也会很大。

◎ 自己DIY要注意什么呢?

☆ 和装修公司粉刷墙面一样，要考虑好墙面色彩与室内整体空间色彩相统一，材料要选择质量优等的，各类涂刷器具都应准备全面，如果不了解怎么施工，事先在网上咨询或查看相关视频均可。

滚筒刷：滚筒刷是一种省力、省时的刷具，滚面范围广，但漆料容易喷溅

羊毛刷：羊毛刷施工时手感顺畅、耐用，流平性好，含漆量大，但容易掉毛

打磨砂纸：打磨砂纸抗静电，磨削效率高，柔软性好，耐磨度高

5.2　配色一定要多沟通

　　墙面配色和服装配色有点像，但又有些不同，在确定由装修公司来进行墙面粉刷工程后，应该提前将自己的想法告知设计师，并在进行色彩调配时全程参与，不然可能出来的效果就不是你想要的了，记住，一定要多沟通，毕竟不是每个人都想象力丰富。

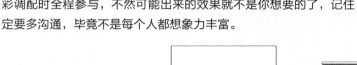

 白色+木色

 灰色+白色

 彩色+灰色

 灰绿色/墨绿色

　　对于色彩调配这方面，可以先在网站上查询相关资料，了解哪些颜色搭配在一起比较协调，与整体空间比较搭配，同时所选的色彩还应具有抗脏性，尽量不要选择脏色，虽然有时候它们看起来比较有特色

5.3　DIY要先打底稿

　　不能想到什么就是什么，可以先在白纸上勾画出你想要的效果，涂上色，看看搭配如何，确定好之后再进行实际粉刷。可以将绘画好的图案分作几份，同时选择不同的色彩进行上色，并进行对比，从中选择更适合室内空间的色彩即可。

　　绘画基础不是很好的，可以将所需的图案打印出来，描出其轮廓，将其拓印在墙上，然后再上色，这样也能选择更多有特色的图案，绘画也会更好看，但要注意图案不宜过多，这样会显得过于繁杂，整体空间也会比较凌乱

5.4 刷漆还是贴墙纸，你来定

◎ 是刷漆好还是贴墙纸好呢?

☆ 各有各的优点，可以依据自己的喜好和经济情况来定。

 从价格来考虑

两者依据品牌的不同，价格有高有低

 从环保性来考虑

¥50 元 / 卷
环保指数：E1

¥60/ 桶
环保指数：E0

墙漆的环保性要高于墙纸，墙纸的耐久性也相对较差

 从装饰效果来考虑

墙纸花型较多，能够很好地表现出装修主题特色，墙漆却不然，但可以选择特殊漆，如仿石漆、石头漆等，也有同样的装饰效果

4 从清洁难易度来考虑

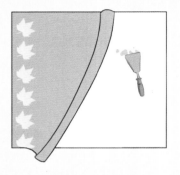

墙纸不易更换和清洁，墙漆比较干净，也好清理，修补也很方便，比较耐用

5 从抗菌性来考虑

墙漆的抗菌性相对墙纸来讲更强些，墙纸受到墙体潮湿影响很难修复

6 从房屋面积来考虑

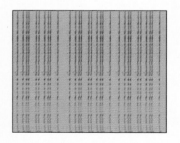

室内面积大，且追求个性的，可以选择墙纸；室内面积小，追求简约、现代的，可以选择刷乳胶漆

5.5 墙面刷漆前一定要记得打磨

墙面刷漆如果是一底两面，那么一定要记得用砂纸打磨三次，第一次打磨是在批完腻子开始刷第一遍底漆前，要用砂纸将批完腻子且已经干透的墙面打磨一遍，第一遍墙面可以用标号低一点的砂纸打磨，如360号的砂纸；第二次打磨是在刷第一遍面漆之前，这时建议选择比第一遍打磨的砂纸规格要稍高一些的砂纸，如400号以上的砂纸；第三遍是在刷第二遍面漆之前，此时要用高标号的砂纸来打磨墙面，最好用600＃或以上的砂纸打磨墙面，只有这样才可以保证墙面的涂刷效果，否则墙面涂刷完之后，手感会非常不佳，触摸起来就像摸到了面粉一样，难受极了。

砂纸打磨

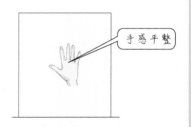

手感平整

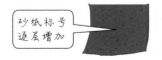

砂纸标号逐层增加

砂纸一定要选择合适规格的，打磨完之后要记得清扫表面

5.6 墙面刷彩色漆的小细节

墙面如果准备刷彩色漆，首先就需要检测墙面的碱性和含水率，可以用含水率测试仪来进行测试；同时碱性值可以用pH试纸来检验，可以先用蒸馏水将试纸润湿，平贴于待检测的基面上，然后再根据墙面变色的程度来获知墙体的碱性值。

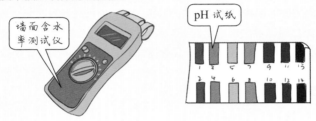

在刷墙面漆前还要先刮墙衬，一般需要刮3遍，正常的干透时间为1～2天。如果是在春季多雨的季节刷漆，所选用的墙漆一定要具备防水、防潮、防粉化以及防霉等的功能

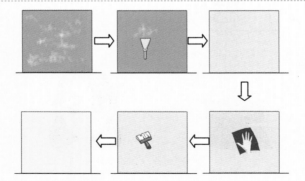

如果在墙面上发现了细小的白色粉末，那么就表示墙内含有盐分，应该及时清理干净，等待水泥墙面干燥且墙面呈现浅色后，再用砂纸将墙面磨平，就可以上漆了；如果水泥表面的白色粉末过多而且不断析出，一定要记得在清理墙面过后，刷上一层底漆，以防日后盐分侵蚀墙面

5.7 关于墙面补漆

油漆师一般是等墙面干透才会批腻子，腻子层干透后再刷漆。出现需要补漆的情况一是因为墙面有污染，二是因为墙面刷漆不均匀。弄污的墙面可以让装修公司来帮忙清洁，一般在工程保修范围内是不会额外收费的。

 墙面有污染

由于搬家具或者其他工程原因导致墙漆受到污染的，装修公司会免费补漆

② 刷漆不均匀

墙漆涂刷不均匀的，应及时和装修公司反映，及时调配合适的乳胶漆，进行补漆工作

补充小贴士

如果要刷木器漆的话，要在刷墙面漆之前将木器漆刷完，这样做可以有效避免木器漆在干的过程中对刷过墙面漆的墙面产生影响。当然，在实际操作过程中，也可以将地砖铺完之后再刷木器漆，等木器漆干透之后再刷墙面漆，但是这样一来，工期必然会受到影响，如果怕影响工期，又要将空气中粉尘的影响降到最小，建议还是多多打扫卫生比较好，也能够在需要的时候随时提供一个干净的施工环境。

5.8 墙纸选购小技巧

科技的不断发展造就了墙纸的不断进步，在选择墙纸的时候，首先需要明确要将墙纸运用到何处，给何人使用等，多方面地选购墙纸，这样才能造就更美好的住宅环境。

 依据使用人群选购

无纺布墙纸具备吸音、透气、不变形等特点，施工简易，适合年轻人使用

纯纸类墙纸上色效果比较好，透气性也很不错，自然舒适，适合老年人

 依据消费能力选购

织物类墙纸物理特性很稳定，清新、自然；墙布类墙纸比较结实耐用；金箔类墙纸防水防火，易于保养。这三类墙纸都适合消费能力较高的人群选用

织物类墙纸 金箔类墙纸

 依据质量选购

建议选择图案清晰，表面无色差、褶皱、气泡的墙纸；墙纸的厚薄度也要一致，要选择没有异味，无脱色现象的墙纸，可以裁切一小块墙纸样本，用湿布擦拭纸面，看看是否有脱色现象

5.9　墙纸铺贴小细节

要将墙纸铺好，小细节非常重要，铺贴前要检查所选的墙纸质量是否达标，墙面也必须要平整、光滑、干燥且酸碱性要为中性，墙面吸水性也要适中，墙面如果刷了防潮材料，那就必须等墙面自然干燥15个工作日以上才能铺贴墙纸。

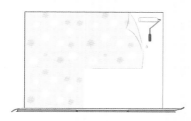

在铺贴墙纸时，还要注意地面保护，地面已经铺好地砖或地板的，建议在铺装墙纸前，在地面铺上一层塑料薄膜以免胶水直接坠落到地板上，对地板造成伤害

墙纸样式各种各样，铺贴时一定要注意到两张墙纸之间是否有较大的缝隙，拼花图案之间是否对花、对齐。另外，铺贴时浇水等会润湿墙纸，墙纸干透后也会有一定的收缩，因此一定要留好伸缩位

墙纸的收缩缝尽量不要开口对着迎风口，以免产生褶皱

墙纸铺贴不建议在春季进行，春季气温时高时低，抹灰、刮腻子、贴瓷砖等作业面如果受冻，就会出现空鼓等问题。一般建议在夏季铺贴墙纸，夏季气候较热，空气水分相对较低，比较适合铺贴墙纸，但要注意不要在下雨天铺贴，因为雨天空气比较潮湿，墙纸容易受潮。

5.10 墙纸保养小秘籍

适当的保养可以延长墙纸的寿命，增强防潮功能，首先要做的就是保持室内空气的干燥度，并要减少空气流通，在施工后要记得关闭窗户3~5d，让墙纸自然阴干，并且还要避免使用风扇等能加快空气流通的家电。

1 关闭门窗

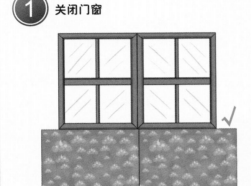

2 避免风扇吹

3 无色湿毛巾擦拭

4 海绵擦除

墙纸的清洗也是保养的一种，纯纸墙纸可以用海绵或者无色的干净湿毛巾轻轻擦拭，但是要控制好海绵或者毛巾的含水量，不能用力擦拭；无纺布墙纸质地细腻，建议用鸡毛掸掸去灰尘，再用干净的湿毛巾采用粘贴的方法清洁；天然材质的墙纸最脆弱，色彩保持度不高，用水清洁会出现明显掉色现象，建议采用干的毛巾或鸡毛掸清洁

5.11　依据使用者年龄选择墙纸色彩

　　不同的年龄段，对于墙纸色彩的要求会有不同，就像每个年龄段、人群都会喜欢不一样的东西一样。墙纸是居家时每天都会看到的东西，为了避免视觉产生疲劳，建议选择耐看度高、色彩饱和的墙纸。

7 岁　　　　70 岁

每个年龄段对色彩的感知度是不一样的，色彩缤纷的环境有利于激发小朋友的大脑创造力，素雅的色彩更有助于老年人的睡眠，而热烈的色彩，更能体现活力感，不会显得枯燥

不论是刷漆还是贴墙纸，可以选择不同的色彩，但每种色彩必须相互有联系，例如可以选择互补色或者相似色的墙纸

5.12　运用新型墙纸和硅藻泥

◎ 新型墙纸是类似于硅藻泥那样的吗?

☆ 不,硅藻泥属于涂料,实际上它和墙纸、乳胶漆是有区别的,施工也比较麻烦,新型墙纸功能会更丰富,也会让生活更富有趣味性。

◎ 新型墙纸和硅藻泥,选择哪种比较好呢?

☆ 看个人,硅藻泥虽然环保性能好,但异味会吸附到其中,并散发出来,适合不抽烟,比较洁癖的人群,目前使用墙纸的人较多。

硅藻泥能够很好地改善睡眠、保温节能、防火阻燃,也能降低噪声,色彩也比较护眼,使用寿命很长,肌理自然,触摸上去手感比较好,也不易开裂

吸湿墙纸 　纤维墙纸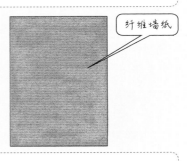

近几年,各类新型墙纸层出不穷,例如国外新出的吸湿墙纸、杀虫墙纸、调温墙纸及防霉墙纸等,而国内的则有云母片墙纸、健康型天然纤维墙纸等。各具魅力的墙纸想必会让你挑花了眼,但可不要太过冲动买了不适合自己的

刷！刷！刷！

6

Chapter

疯狂大采购

识读难度： ★★★★★

核心概念： 材料选购、电器选购、灯具选购、厨具和洁具选购、厨具和洁具安装、家电安装、窗帘安装、室内陈设

6.1 按分类列好采购清单

◎ 列清单好麻烦啊。

☆ 麻烦是麻烦，但却能省下时间，也不会遗忘掉该买的东西。

◎ 列采购清单是按照家电类别分类吗?

☆ 可以这样，但建议按照住宅内部结构来分类购买，方向比较明确。

为了节约时间，提高效率，确保每次去装修材料市场都有收获，一份详细实用的采购与预算计划表是相当重要的。计划列表按照不同类别的房间来分类，采购时也会比较容易实施，每次采购可以看同一空间内的东西，以便于比较和综合分析

174

6.2 团购不一定便宜

　　想到要买装修材料和家电，你首先想到的肯定就是团购，团购这两个字本身就会令人联想到价格实惠，看看吃饭时会用到的某团、某某点评等，基本在价格上都会有优惠，但在装修这一块，团购真的便宜吗，究其各方面因素来讲，团购其实不一定便宜。

 从产品来看

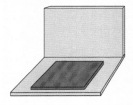 

团购中能够砍价的商品大部分都是一二线品牌产品链中的中低端经济型产品。活动现场的特价产品，有可能是高仿或者贴牌产品，而且产品也有顶级、一等品和二等品之分，有的还会有色差

 从价格来看

展位费 ¥×××
广告费 ¥×××

原价：3000 元
现价：2000 元
（实际价格：
1500/1800 元）

参加团购活动的商家承担着高额的展位费、广告费以及装修费，他们必须是在有一定利润的情况下才会有折扣，以此来吸引顾客，实际上可能只是将原有商品提高价格之后再折扣

6.3　购买单据要保存好

　　购买家电或者装修材料时，必要的单据一定要保存好，如果后期物品出现任何故障，维修或者退、换货也有所依据，尤其是一些重要物品的购物小票、说明书等，一定要好好留存，可以用盒子保存下来，也可以用订书机订起来，好好保存。因为有很多东西都是有保修期的，在保修期内维修，是需要凭证的，丢了这些对于后期的装修工作也会造成困扰。

家具发票

提货券

家具购物单

6.4　菜盆龙头买手背就能开的

　　为什么建议菜盆龙头要买手背就能开的呢？你仔细想一想，洗碗的时候肯定是避免不了要用洗洁精的，洗得满手泡沫的时候是不是要冲水，要去开开关，如果是旋钮式的水龙头开关，首先手会滑，很难打开，其次泡沫会弄到龙头的开关上，但是如果购买的是手背式的，在开的时候用手轻轻一拨就可以了，也不会因为手滑而不能及时打开水龙头。

如果厨房面积不大，那么选择单把手背式水龙头最合适不过了，只需用一只把手即可调节水温和出水量，非常方便

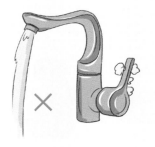

菜盆龙头选用手背开关的，也能更好地保持洁净性，试想每次洗了肉要去洗手，结果扭开水龙头，弄得水龙头上都是油，腻腻的，还要用水清洗，清洗的时候又会把周围的地方弄得都是水，洗干净水龙头了还要用抹布把水都擦拭干净，这无形中也增加了厨房的工作，可以说是很糟心了

6.5 燃气灶的选购

家用燃气灶设计的热流量值越大，加热能力越强，即平时所说的猛火，但猛火不一定好。实际上，热流量的大小要和烹饪方式以及燃气灶相适应，一味地追求大的热流量，反而会大大降低燃气灶的热效率，增加废烟气排放量。

要选择合适的燃气灶，首先要清楚自己家里使用的是什么燃气，不同的燃气应选用不同的灶具。目前市场上燃气灶品种繁多，可以根据各自经济条件、爱好来选购

选购时如果灶具在调试后仍然存在火焰从燃烧器火孔全部或部分离开的现象或者火焰在燃烧器内部燃烧或者火焰发黄等，那么该燃气灶一定是有问题的，不要购买

6.6 建议安装燃气报警器

◎ 燃气报警器？那不是地下室或者没有窗户的地方才会安装的吗？

☆ 理论上是这样，但为了安全起见，还是建议厨房安装燃气报警器，它也能预防燃气起火。

◎ 安装燃气报警器之后是不是就不会有危险了？

☆ 日常生活中还是需要警醒，安装燃气报警器之后也要记得保养，要选择传感效果好的燃气报警器，否则一旦出现损坏，是很难维修的。

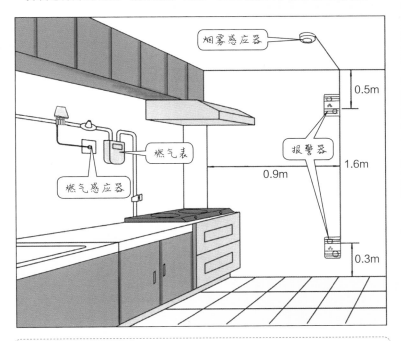

当环境空气中可燃气体浓度值达到或超过报警设定浓度值时，燃气报警器会自动进入持续报警状态，这时应该立即打开窗户使室内空气流通，熄灭所有火源并关闭管道阀门，避免使用一切能产生火花的物品，避免开、关各种电器并及时通知相关部门及相关专业人员处理

6.7　根据需求选择马桶

比较常见的马桶有分体式马桶、连体式马桶、后排式马桶及下排式马桶等，依据需要的不同，可以选择不同类别的马桶。

1 后排式马桶

2 下排式马桶

3 连体式马桶

4 分体式马桶

分体式马桶比较传统，也比较占空间

连体式马桶一体成型，比较节省空间

如果要安装移位器，但又没有马桶底座内部的高度数据时，建议移位器安装后的高度不要超过地面10mm，以免对之后的马桶安装造成麻烦

6.8 电动抽水马桶的选购

为了追求更高品质的生活，即使是卫生间，要求也会越来越高，在购买电动马桶之前要测量好自家的孔距，否则没买好去退货就很尴尬了。

 出水口

电动马桶的排污孔只要一个会更好，这样对冲力的影响比较小。购买电动马桶之前要先了解下水口中心至水箱后面墙体的距离，这样才能买到坑距相同的马桶，以免出现无法安装或排污不畅的现象

 釉面

电动马桶表面的釉面关系着清洁能力，可以用肉眼观察釉面是否光亮润滑或气泡色泽是否饱和等

 重量

电动马桶的重量实际上越重越好，重量越大说明马桶的密度越大，质量更佳，在选购时可以双手拿起水箱盖实际感受下

6.9 购买马桶确定配有密封胶

◎马桶是用螺钉固定在地下的吗？

☆不是。马桶是用膨胀螺栓固定的。

◎马桶底座和管道的衔接处，里面和外面分别用什么密封呢？

☆马桶底座和管道的衔接处，里面是用马桶专用密封胶密封，外面是用白水泥搭配白胶调配的水泥浆，一般购买马桶时都会配有专用密封胶的。

马桶专用密封胶是一种以密封为第一目的粘胶，黏结性和防水性能都很不错

在购买马桶时一定要询问商家是否有配套的密封胶，并在购物清单上标明，以免后期有遗漏

补充小贴士

抽水马桶目前主要存在四种形式，包括直落式冲水，一般虹吸式冲水，喷射虹吸式抽水和旋涡虹吸式冲水。日常生活中的抽水马桶基本都是旋涡虹吸式的，噪声较小，可以利用冲水形成的旋涡将污物排出。

6.10　安装马桶的小细节

　　马桶安装时一定不要用水泥安装，要避免因为水泥的膨胀而导致产品开裂，安装时还要确保马桶的水平状态良好，防止前后高低不同，左右不平，影响马桶的正常冲水功能。安装马桶时坐便器底部和四周都要打胶，且要确保坐便器与墙间隙均匀，摆放端正、平稳，坐便器就位后还需确保进水无渗漏、水位正确、冲刷畅通、开关灵活等，安装完成后要记得检查。

在马桶安装前首先要确定选择的产品配件、说明书是否完整，可以仔细查看说明书，了解一些产品事项，以免被偷梁换柱

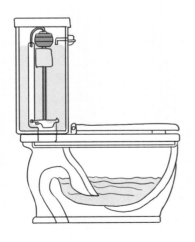

喷射虹吸式冲水马桶可以借助水下设有的喷孔喷出水流，来加速污物排出，在安装虹吸式冲水马桶后一定要记得检查排污是否通畅，水量大小是否合理，节水能力如何等

6.11　淋浴房的尺寸要合适

淋浴房因其独立的洗浴空间，水不会把卫生间整个地面都弄湿，在冬天也可以起到很好的保温作用，市场上的淋浴房造型也很丰富。

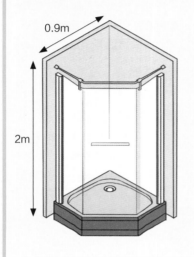

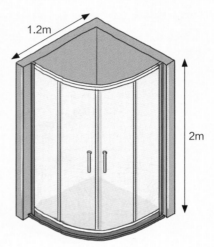

钻型淋浴房：标准钻型淋浴房尺寸有：900mm×900mm、900mm×1200mm、1000mm×1000mm、1200mm×1200mm四种规格

扇形淋浴房：扇形淋浴房可以更好地利用卫浴间的面积，适用于小居室，实用性较高，而且从淋浴房本身的使用效果来讲，也可以更好地为消费者提供一个舒适的淋浴空间

淋浴房宽度设置要保证使用时身体可以自由转动，最好不要小于800mm×800mm。淋浴房高度的具体设置要根据实际空间的情况进行调整，大部分在1800～2000mm，要注意和淋浴器的位置相当，太低容易向外溅水，太高有碍美观，影响透气性，当然也可以依据家人身高来定。

6.12　台盆要提前买好

　　如果选择由装修公司来做台盆柜，那么台盆一定要提前买好，或在你打台盆柜之前就要看好台盆的尺寸。水槽也要在测量台面尺寸前确定好，在安装台面前要买好水槽。此外，还需确定台盆是台下还是台上，这对台盆柜也有一定影响。

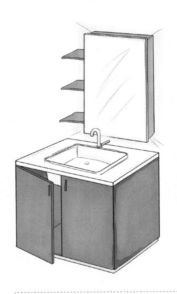

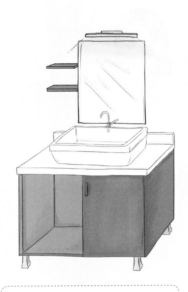

台下盆：台下盆的优点在于使用时不会破坏台面的平整度，清洁方便，但价格精贵。台下盆为了和台面贴合，与台面接触的部分必须和台面连成一体，要用专门的黏结剂粘接，黏接强度高，施工难度大

台上盆：台上盆盆口的直径大于台面挖的洞，等于是直接搁在台面上，台柜的储存空间也由此有所增加，施工比较方便，造型也十分丰富，造型效果较好，但台上盆使用时杂物不能直接抹到水槽里

6.13　安装洗手盆时的小细节

　　安装洗手盆时首先要考虑其与镜子、放刷牙杯的架子、毛巾架等的相对位置。配台下盆龙头时要考虑到盆边厚度，龙头嘴要长些。为了避免水溅到身上，洗手盆的深度与安装在上面的水龙头水流的强度要成正比，只有深度达到一定数值的洗手盆才能安装水流强的龙头。

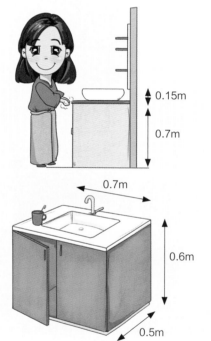

0.15m

0.7m

洗手盆的安装高度要合理，池面或台面离地高度要控制在70～80cm，太低矮的池子会使人腰痛，具体台面高度还应考虑到使用者的身高，以达到更好的使用效果

0.7m

0.6m

0.5m

安装台式洗脸盆时要预留出至少一张小课桌的空间，保证它的台面上可放置洗漱用具，下面的柜子内还能放置其他的杂物

补充小贴士

　　洗手盆底部要有足够的弧度，不能太平坦，台面本身一定要选择表面光滑的材料，边缘和两角也一定要圆滑，以免磕碰。安装洗手盆时池边要稍高于台面，但和台面相接处要平滑，这样也能将溅到台面上的水没有阻碍地擦回池子里去，同时也会方便日常的清洁工作。

6.14　阳台可以安装洗衣池

阳台洗衣池的存在对于习惯手洗的朋友们来说，简直就是福音，毕竟卫生间空间就那么大，安装一个不占室内空间又能便于随时进行手动清洗小衣服和杂物等的阳台洗衣池简直不是什么大问题。

洗衣池的深度要控制好，深度小于200mm的洗衣池在清洗衣服时很容易将水弄到水池外面，地上会到处是水，还会将使用者的衣服打湿；一般比较合适的洗衣池的深度要大于240mm，这样既能清洗比较厚的衣物，也不用担心水会溅到身上

不带滤网

带滤网

阳台洗衣池的下水器不建议选用翻板的，翻板的下水器使用时间不长，倘若有扣子、戒指或是衣服的纤维掉下去了，下水道很容易会被堵塞。建议选择带滤网的下水器，使用方便，也不用担心下水道会被堵塞

洗衣池由于借用了洗衣机的地漏，放置在洗衣机旁边，实际上是占据不了多少空间的，而且两者使用水龙头也不会有很大的冲突，在阳台还是可以放心大胆地置洗衣池的

6.15　选购镜子要考虑镜前灯

镜子可以让你清楚地看见自己的状态，镜前灯可以让化妆、刮胡子等清洁活动有更加明亮的环境。购买镜子时要考虑好镜前灯的位置，如果暂时不想装镜前灯，镜子的大小最好能遮住为镜前灯预留的线。

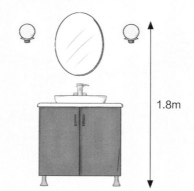

由于镜子有一定高度，如果镜子在浴室柜上面，其最高位置在1.7～1.8m，那么镜前灯预留的高度最好不超过1.8m

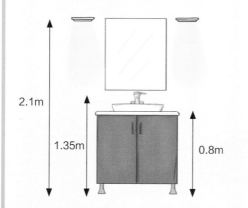

为了达到更好的视觉效果，浴室柜的台面到地面的距离要控制在0.8～0.9m，保证人站在镜子前面，头可以处于镜子的正中间，浴室镜前灯通常安装在镜子与顶部平行的位置即可

如果是上置浴室镜前灯，浴室镜的高度是0.8m，那么浴室镜前灯的高度就要在2.1m左右；如果是整幅的浴室镜，浴室镜下沿距离地面则至少要控制在1.35m左右

6.16　塑钢门要计算好尺寸

　　购买塑钢门之前一定要计算好塑钢门门框凸出墙壁的尺寸，并将数据告知给安装人员，保证门框和贴完瓷砖的墙壁是平整的，这样既比较美观，也便于日常的清洁维护工作。

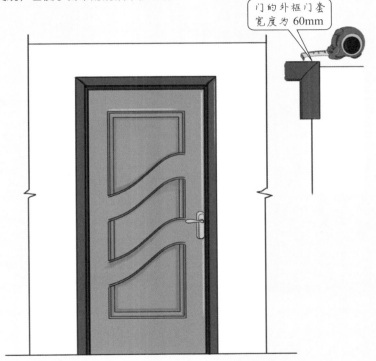

门的外框门套
宽度为 60mm

补充小贴士

　　塑钢门具有很好的防潮特性，比较能抗老化，也不会轻易变形，使用寿命较一般门要长。塑钢门同时属于环保产品，无毒，无其他有害物质，具备良好的防火、阻燃、遇火自熄以及隔音的性能，还具备抗腐蚀能力，能在各种自然环境中使用，清洁也十分方便。

6.17　厨房门可选用木质吊轨门

◎ 厨房是装吊轨门好还是推拉门好？

☆ 看个人，建议可以选择吊轨门，推拉门的轨道容易积灰，而且开合还会有噪声。

◎ 那是用吊轨还是用地轨呢？

☆ 都可以，从稳定性来说，地轨要好一点。

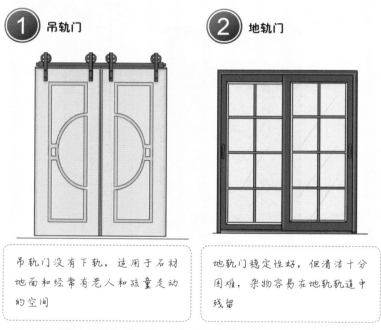

1 吊轨门

吊轨门没有下轨，适用于石材地面和经常有老人和孩童走动的空间

2 地轨门

地轨门稳定性好，但清洁十分困难，杂物容易在地轨轨道中残留

　　半开放式的厨房如果与餐厅相连，建议做轨道门，这样既能更好地划分区域，整体空间也会显得更大气；封闭式的厨房建议选择地轨门，地轨门的稳定性和耐久性更强一点，地轨相对来说比较稳定，施工方便，但价格有点偏高，吊轨价格偏低，但吊轨时间长了会下垂，如果房主人会自己调整吊轨滑轮的高度，建议用吊轨门，不然还是选择用地轨门比较好。

6.18　不单买商家的成品门套

◎ 装修时商家所说的多少钱一樘门包括门套吗？

☆ 品牌商家会直接告诉你这是一樘木门的价格，门套、锁具都带，有些小商家为了混淆视听只会模糊地告诉你价格，而不会告诉你包括了什么，这需要问清楚，并在下单时写清楚。

一樘木门包括门板、门套、锁具、相应小配件、生产说明书等

　　为了保持装修风格的一致，一般商家会建议给入户大门装一副门套，在买门的地方一般都是包门套的，但是会另外收费，一般单独只买门套的价格通常会比套装门的门套要贵，而且会有单包门套和双包门套的区别，有些商家会把单包门套当双包门套，来卖高价。

补充小贴士

　　在买门之前要测量好门的尺寸并记录在册，而计算门的尺寸时要注意门洞的尺寸是要比实际门的尺寸大很多的，实际测量时要记得加上门套板的厚度，以免多花钱。

6.19 门的材料要选木纹细致的

制作门与门框的材料一般还是建议要选择木纹细致的材料，现在市面上比较常见的门主要有实木门、免漆门、实木复合门及钢木门等。

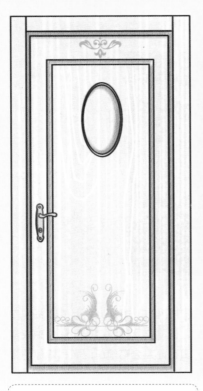

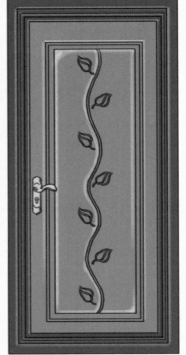

免漆门价格跨度较大，质量也千差万别，花色很丰富，没有异味，但一旦出现破损就很难修复

实木复合门手感和隔声效果都很不错，也比较耐用，价格主要看门芯、表面、工艺和油漆等方面

6.20 准备好中性玻璃胶备用

为了以后可以舒舒服服地在家住着，建议装修业主自己准备两支好的中性玻璃胶。在安装淋浴房、洗手台、橱柜、防盗门时都用得着，虽然一般厂家包安装都会带玻璃胶来，但他们提供的玻璃胶大多质量不好，时间久了很容易变色甚至发霉。

中性玻璃胶比一般玻璃胶贵，一般玻璃胶属于酸性玻璃胶，带有一定的腐蚀性，而中性玻璃胶带有中性特性，可以用于金属、镀膜玻璃、混凝土、大理石以及花岗岩等材料的黏结

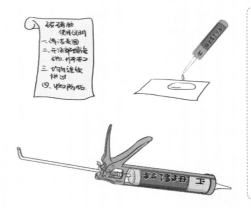

中性玻璃胶的好坏可以从黏度、拉力、是否防雾、是否容易清洁、是否会变色等方面考察，从颜色上看，中性玻璃胶有各种颜色，白色、黑色、彩色等，还有透明的颜色，购买前还应仔细阅读使用说明书

6.21 木门安装要打玻璃胶

木门本身就极易受潮，同时遇水不散也会发霉导致木门变黑，而玻璃胶具备很好的耐候胶性和防腐性，在安装木门时要在门框与地面接缝的地方打上玻璃胶，这样做可以有效防止因水渗漏到木门门框中而出现木门发霉的状况。

1 无玻璃胶　　　　　**2** 有玻璃胶

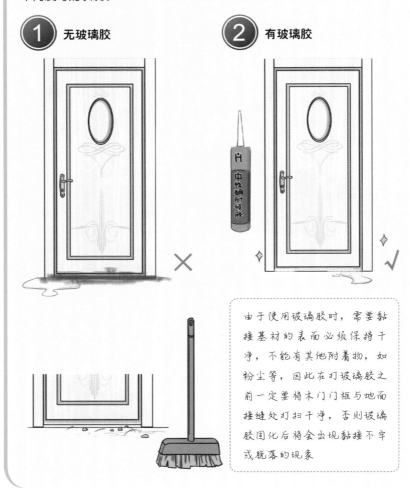

由于使用玻璃胶时，需要黏接基材的表面必须保持干净，不能有其他附着物，如粉尘等，因此在打玻璃胶之前一定要将木门门框与地面接缝处打扫干净，否则玻璃胶固化后将会出现黏接不牢或脱落的现象

6.22　门锁安装与保养

　　不同类型的门锁，安装方式也会有所不同，可以选择让售卖门锁的商家上门安装，也可以自己对着说明书自行安装，安装之后一定要记得随时保养，以保证其正常使用。

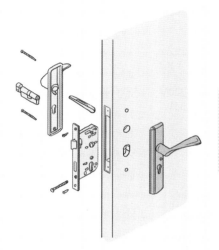

连体式门锁安装时要检查开孔位置和大小与锁身是否合适，安装后要查看开合是否顺畅

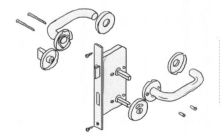

分体式门锁安装要先将小部配件组合在一起，然后依据说明书进行后续的安装

　　门锁安装后不能用铁器、硬物或利器击打门锁表面，开门时要将钥匙转动到位使锁舌完全退出才可以打开门，不能用猛力扭转插在锁芯里的钥匙将门推开。最好半年保养、检查一次门锁，清洁门锁时要使用清水或者中性清洁剂，并用软布擦拭。

6.23 灯具鉴别小贴士

从壁灯、吊灯、吸顶灯到台灯，无一不在说明着灯具对家居生活的装饰作用，选择各方面都很优异的灯具想必会让你的家居环境更加温馨舒适。

 从外观鉴别

品名：艺术吊灯
型号：×××
额定电压：220V
额定功率：35W

购买灯具时首先要察看灯具上的标记，如商标、型号、额定电压、额定功率等，并判断其是否符合自己的使用要求，如果选用了不适合的，可能会造成灯具外壳变形，绝缘损坏，甚至造成触电，还有可能引起火灾

 从防触电保护鉴别

灯具通电后，人触摸不到带电部件，就不会触电。如果将吊灯装上去，在不通电的情况下，用小手指触摸不到带电部件，那么它的防触电性能就是基本符合的。购买时可以看一下灯具上的导线外绝缘层印有的标记，确保导线截面积至少在 0.5mm^2 以上

6.24 关于灯具的拓展小知识

灯具是日常生活中的必备品，对于灯具的使用、保养等还是建议能够有所了解，这样也能够避免事故的发生。

接地插座

取暖器

必须在预定电压及频率下使用灯具，接地的灯具一定要记得经常检查接地情况，要注意普通灯具在电气、煤气、煤油炉等取暖器的上面及其附近或直接遇到蒸汽的场所是不能使用的

盖住发光体

鸡毛掸擦拭

不能将纸、布等易燃品放置在照明器的近处或盖住发光体，更换灯具、拆卸灯罩和熔丝时，一定要切断电源，清洗灯具时应该用温水擦洗或拧干浸肥皂水的布擦洗，灯具背后的灰尘可以用干布或鸡毛掸子清扫

6.25 购买灯具的小妙诀

时代日新月异，灯具样式自然也层出不穷，购买灯具之前，最好先了解一下现代灯具的发展趋向，以免灯具刚买就遭淘汰，并且建议多安装节能光源，这样也能省电。

购买灯具首先要依据对应房间的面积大小来选择，房间的面积大小会直接影响到整个空间的照亮程度，并且对灯具的数量也会有所影响，太小的房间是不建议安装过多的灯具的。灯具灯光的色调也要和住宅的装潢相协调，这样才能使家居更具时尚美感

灯具的安全性是非常重要的，在购买时要察看灯具的一些重要标识。此外，还要考虑到灯具的实用性和美观性，卧室的顶灯最好选择双控的，门旁一个，床边一个，这样也省得大冬天躺在床上后还得再起来关灯

6.26 玄关灯具选择圆形会更好

玄关是入户的第一场所,因此要明亮,灯具的位置应在进门处和深入室内的交界处。在玄关处的柜子或者墙壁上设计灯具,也会使玄关更具宽阔感。

1 外观

玄关处建议选择圆形灯,从风水学角度来讲,圆形象征着圆满,数盏筒灯或射灯安装在玄关过道上来照明,排列成圆形,是很吉利的

2 灯光颜色

玄关处常布置鞋柜、衣帽架等,为了使用方便,建议玄关灯具选择色温较低的暖光,以突出家居环境的温暖和舒适感

3 主灯

玄关灯具有定位风格、提供主照明的作用,建议尽量选购装饰效果非常好的灯具,如水晶灯、云石灯、筒灯等

6.27　客厅灯具选购的小窍门

在选购客厅灯具之前可以上网多搜集一些客厅灯具的照片，对其风格有一个系统的了解，后期实地选购时也比较有针对性。

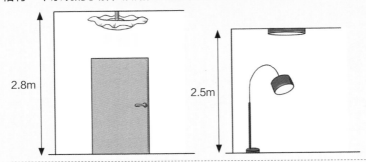

客厅空高较高的可以选择灯光向上照射的大型吊灯，同时应该让灯具与上部保留一定空间，好缩小空间的明暗差距；空高较低的可以选择吸顶式的灯具加上落地灯，这样客厅会显得更加明快大方，十分具有现代艺术气息

客厅面积在$20m^2$以上的，建议选用外观新颖、造型豪华的吊灯

客厅面积在$20m^2$以下的，比较适合采用吸顶灯。灯具与住宅装修风格要形神相似，从视觉上美感度也会比较高

6.28 卧室灯具选购的小技巧

忙碌了一天，躺在柔软的大床上想必是无比惬意的，可要是卧室灯光太亮，太过刺眼，头只会更晕，更别提好好休息了。卧室所选灯具的灯光一定要柔和，这种灯光也有助于提高睡眠质量，而强光则会让人失眠，严重的还会导致神经衰弱。

磨砂玻璃　布面　贝壳

卧室床头灯和台灯建议选择可调节亮度的，灯头要高于枕头，让光线从45°倾斜散布下床，这样更适合看书，也不会影响到另一半休息，最好选择磨砂玻璃、布面、贝壳等能使光线柔和的灯罩，过于刺眼的光线无论对阅读或是夜里起身，眼球的适应度都不太好，也会造成视觉疲劳，眼部干涩，更会加重近视

选择参考图片

去商场多家店铺比较选购

注意灯具品牌、型号、大小、耗电量等的参数，选择合适的

小户型的卧室相应空间也会较小，所选的卧室灯具造型简单即可，不应过度追求奢华和大气；卧室空间较大的可以选择水晶灯或大型吊顶灯，水晶灯颇具观赏性，光源比较柔和，很适合卧室使用。

卧室的空高对于灯具的选购也有一定的影响，空高小于2.8m的房间建议选择薄形或者是匀称形的吊灯；层高在2.8~3.2m的卧室，建议选择厚形的吊灯。

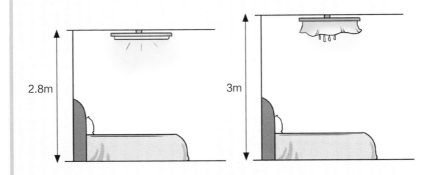

6.29　卧室灯具选择与年龄有关

　　不同年龄层次的人有着不同的生活习惯，对于卧室灯具的选择也会有所不同。

老年人一般要求简单大方的灯具，亮度适中即可

中年人可以选择色彩简单、设计有品位、配合卧室风格的灯具

青年人追求个性，选择的范围很广，具有活跃明朗的色彩，有个性、奇特的灯具可以成为首选

儿童房间的灯具要配合小孩子的天性，可以选择可爱的卡通图案或卡通形状的灯具，但要注意不要选择灯光太强的，这样会对小朋友的眼睛有影响

6.30 书房选购灯具小贴士

书房灯具要适应工作性质和学习需要，建议选择带有反射罩、下部开口的直射台灯，台灯的光源建议选择节能的LED灯，最好能调节亮度。

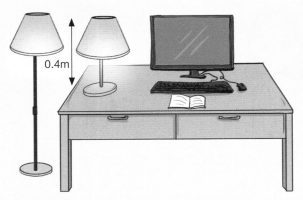

台灯的摆放位置要在书桌的左前方，可以有效地避免产生眩光，灯罩要调整到合适的位置，要使眼睛距离台灯大概0.4m，离光源水平距离大概0.6m，且看不到灯罩的内壁，灯罩的下沿要与眼齐平或在眼下，不能让光线直射或反射到人眼里。

书房灯光要注重柔和感，过于刺眼的灯光会不利于集中注意力与产生舒适感，会使人感到烦躁、不静心

6.31 要根据风格选择阳台灯具

灯具和住宅装修一样都有不同的风格，阳台的灯具在选择时也要依据风格来选择，否则阳台地砖是地中海风，壁灯却又是其他不搭配的风格，看着就觉得别扭。

阳台如果是唯美风的装修风格，所选的窗帘又是略透的白色纱缦布料，那么灯具建议选择以复古为主调并且带有金属色彩的吊灯进行装饰

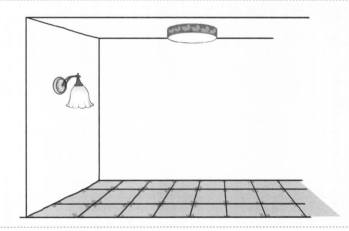

开放式且面积有限的阳台如果是田园风格的装修，灯具建议尽量以柔美为主，也可以搭配简欧的壁灯，这样装饰出来的效果很不错

6.32 阳台灯饰风水小知识

风水一说，可以说是很玄妙了。不同的灯饰因其形状的不同、色彩及其摆放位置的不同，可能所象征的含义都不同。

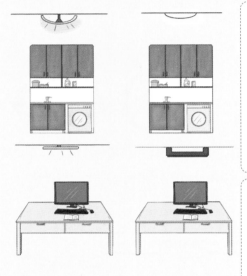

阳台建议选择圆形灯饰，古有天圆地方的说法，圆在风水之中寓意家庭安稳，也能有效缓解心理抑郁，但要注意不要所有区域都采用大面积的圆形灯，这样反而会相冲

书房建议采用方形或直线形灯具，形体规整，造型与书本、显示器等学习、工作器物保持一致，光源覆盖面积大

补充小贴士

不同面积的空间所选的灯具功率

面积（m²）	功率（W）
15～18	30～50
30～40	50～80
40～50	80～100
60～70	100～150
75～80	150～200

6.33 厨房要配备台面工作灯

工作的繁忙导致大部分人都是在晚上才有时间做菜，厨房的台面一定要配备工作灯，一是为了安全，二是一个明亮的环境也能放松人的心情，缓解疲劳。

厨房台面工作灯在洗菜做饭时可以增强菜的鲜艳感和食物的色泽感，给人的感觉特别好，一般安装在吊柜下沿，操作台的上方。厨房台面工作灯既能更有效地照射操作台，也能防止厨房顶灯照在人身上产生影子

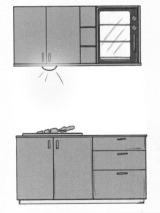

开放式的厨房，如果炒菜区和切菜区是分开的两个区域，建议在切菜的地方设计一个小灯，一方面可以看清切出的菜是否是自己想要的形状，另一方面也能避免菜刀切到手指

6.34 水槽和燃气灶上方装灯

　　水槽和燃气灶都是家居生活最为常见和最为实用的工具，厨房中央的灯无法照射到燃气灶上方，会使烹饪的人看不清锅中的食物，而在燃气的灶上方配上灯具可以更好地辅助烹饪，水槽上方安装灯具也可以更清晰地进行照明，方便食物或者是锅具的洗涤，同时也能营造更为舒适的厨房空间。

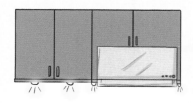

水槽的上方的灯具建议选择规格小、设计简单的灯具，既不影响水槽的使用，又能装饰空间

在烹饪的过程中可能需要颠锅，同时也会有水汽、油烟等冒出，吸顶灯的安装既不会影响燃气灶的使用，也让厨房烹饪变得更加轻松

6.35 灯具安装的小细节

灯具安装必须要多层照明，不要只安装一个主灯具，这样很容易有照明盲区。灯具直接安装在吊顶上时，必须要先测试吊顶的承重力，一般吊顶承载力应该大于灯具重量的两倍，而且建议大型灯具不要自主安装。

持证上岗是施工人员必备的一个条件，灯具安装必须要有电工证，引向每个灯具的导线线芯的最小截面用电规格也必须要符合国家有关规范

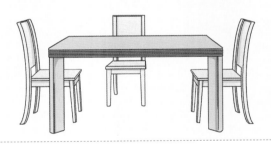

不同的功能分区对于灯具的安装位置也会有不同的要求，客厅灯具不宜过多，简洁的灯具分布更能体现客厅的大气，餐厅在安装灯具时也要记得考虑餐桌的摆放位置，要将灯具安装在餐桌正中央，保证照度一致

6.36 吊顶灯具安装注意事项

为了装点室内空间，吊顶成为越来越多人的选择，各具特色的吊顶也极大程度地丰富了室内空间，在吊顶处也会安装各式各样的灯具，琳琅满目。

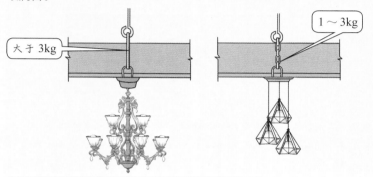

大于 3kg

1～3kg

在吊顶上安装灯具要考虑到灯具的重量，当灯具重量大于3kg时，应该将其固定在预埋吊钩或螺栓上，嵌入吊顶内的灯具也应固定在专设的构架上，不能在吊顶龙骨支架上直接安装灯具；当灯具的重量超过1kg时，要采用金属链吊装，且灯具的导线不可受力，这样也会更安全

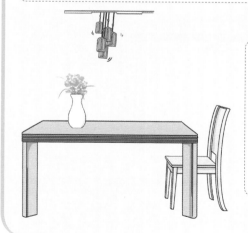

在吊顶安装水晶吊灯时要注意保证吊顶要有足够的承重能力，吊顶的材料要足够厚实，安装水晶吊灯时要固定好，吊顶的正下方附近也最好不要放置座椅

6.37 客厅没有需要不要布灯带

◎ 灯带很好看，不是可以装饰客厅吗?

☆ 灯带的美观性确实不错，但是实用性不强，容易藏灰，对灯光效果也
会有影响，而且不是所有的客厅都适合灯带。

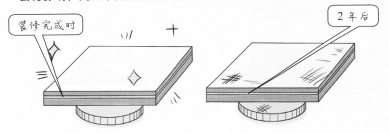

灯带随着使用频率的加大，会很容易变暗甚至不亮，而且在装灯带
之前就得在客厅做造型，前期装修成本也会加大，清洁起来也会比
较麻烦

灯带大部分的作用只是为了增加吊顶层次和灯光效果，如果客厅设
计合理又没有影响到室内的照明和光线，灯带不做也是可以的。如
果纠结装饰效果，则可以选择用石膏线代替灯带，石膏线可以做成
各种花纹，既实用又能达到美观的装饰效果

6.38 自装灯具小贴士

可以自装的灯具一般都是小型灯具，像吊灯、电扇灯等大型灯具是不建议自己安装的，这种灯具自装危险性较大。要提前预留好灯具电源线，一般在水电安装的时候就要规划好需要安装的灯具和灯具安装位置并留下灯具电源线。

 确认收货

灯具到货后要先拆开外包装并检查灯具外观有无损坏，然后直接通电检查，看看是否能正常运行再着手安装

 读懂说明

灯具检查无误就可开始组装灯具，依据说明书将灯具主体和装饰零配件都一一组装好

 安装组合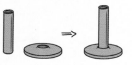

灯具安装时要先将灯座安装好，然后再将灯具主体连接安装好

 通电使用

安装结束后要记得通电试运行，打开电源并打开灯具开关试通电运行，无误即可

6.39 大型灯具不要自装

由于大型灯具有一定的重量，只依靠单个人的力量是无法完整地将其安装好的，所以一般大型灯具都是不建议自装的。大型灯具一般都需要借助其他人或者其他设备的力量，这样比较安全，安装也会更牢固。

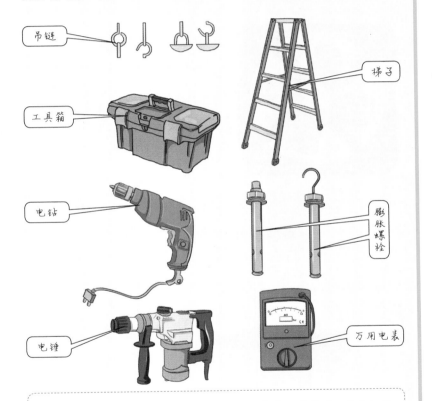

吊链

梯子

工具箱

电钻

膨胀螺栓

电锤

万用电表

安装大型灯具时要准备好支撑构件材料、装饰构件材料以及其他配件材料，并确保所需的配件一一都安装到位，各部位零件也都互相嵌合紧密。同一平面安装多个吊灯时，要注意它们的位置和长短关系，这样可以有效地节省时间和人力，也方便及时调整吊灯位置

6.40　可以在厨房安装排气扇

厨房是烹饪的区域，热量是相当高的，抽油烟机虽然可以吸收一部分油烟，但还是会有少量热量和油烟残留在厨房中，让人不适，排气扇可以很好地促进空气流通，噪声也比较小。

排气扇可以很好地去除室内的污浊空气，达到调节温度、湿度的效果，同时能够将室外另一侧的空气吸入室内，使室内温度与外界温度持平，而空气流动的过程中会带走人体热量，从而让人体感觉凉爽

厨房排气扇价格低、风量大、能耗小，外观设计也十分大方美观，并且具有环保、节能的优点。在空间允许的情况下，餐厅也可以安装排气扇，这样吃火锅或做烧烤时就不会弄脏客厅的天花板了

6.41　预留窗帘尺寸图

◎ 窗帘尺寸图不是给窗帘公司吗?

☆ 窗帘的尺寸图要留一张给自己，一张给窗帘公司，这样后期制作窗帘的时候也有凭证。

> 可以上网搜索窗帘尺寸的计算方式，依据窗户的类型计算出窗帘的尺寸，还可以依据网上的资料选择你想要的花型和纹样，要知道，网络的力量是很强大的

> 最好将搜索到的窗帘款式打印出来，画出简单的尺寸图，并写上制作要求

6.42　窗帘在家具进场后再订做

◎ 是先安装窗帘还是先放置家具呢？

☆ 理论上是没有什么冲突的，但一般建议在不影响窗帘安装的情况下还是家具先进场，这样整体家居风格的色调也比较好统一。

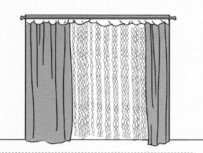

落地窗可以选择落地窗帘，其材质可以依据使用空间来定。例如，客厅可以选择纱质和棉质相结合的双层窗帘

面积比较小的窗户建议选择卷帘，既能达到遮阳的效果，也能有效节约成本

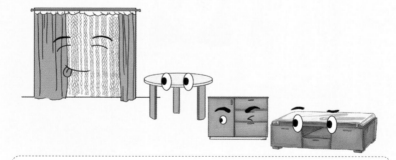

在家具进场之前可以先将窗帘的轨道装好，后期安装窗帘时也会比较方便。窗帘的种类要依据室内的采光情况、使用者的个人爱好以及窗户的类型等来选定

6.43　窗帘选购小技巧

对于准备装饰新居的你而言，市场上品种繁多、琳琅满目的各式窗帘，肯定会让你无比纠结，毕竟做出选择很难，既要考虑到价格，又要考虑到美观性和实用性。

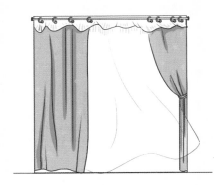

厚型窗帘对于形成独特的室内环境及减少外界干扰有很显著的效果，可以搭配一般薄型织物，如薄棉布、尼龙绸、薄罗纱、网眼布等制作的窗帘，这类薄型窗帘不仅能透过一定程度的自然光线，同时也能使人白天在室内有一种隐秘感和安全感

窗帘的花色还要与室内色调相协调，要根据墙体、家具等的色调来定，例如家具是深色调的，就应该选择较为浅色的窗帘，以免过深的颜色使人产生压抑感

面积较小的房间，窗帘建议选择比较简洁的样式，以免使空间因为窗帘的繁杂而显得更为窄小；而对于大居室，则建议采用比较大方、气派、精致的样式。

6.44 窗帘配色大放送

窗帘配色是软装搭配中的一个很重要的环节，好的搭配，可以提高住宅环境的韵味和格调，劣质的搭配则会破坏整体空间的美感，即使装修得再好，也会显得差强人意。

 配色一

建议选择和墙面颜色相近或略深的窗帘，如果室内大面积白墙较多，也可以选择和电视背景墙色彩一致的窗帘

 配色二

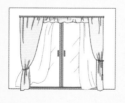 

窗帘的色彩要和家具色彩相配，同时可以多运用经典搭配色，也会提高室内空间的整体格调

6.45 自装窗帘杆的小秘诀

　　自装窗帘杆其实很简单，按照说明书上的步骤来做基本都能安装成功，但是自装窗帘杆时仍旧还是需要你有足够的耐心和理解能力才能完美地进行安装工作。

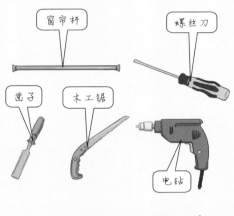

窗帘杆　螺丝刀　凿子　木工锯　电钻

在安装窗帘杆之前要准备好安装的所有材料和安装时会用到的一系列工具，如木材及制品、五金配件、金属窗帘杆、手电钻、小电动台、钜木工大刨子、小刨子、槽刨、小木锯、螺丝刀、凿子、冲子以及钢锯等

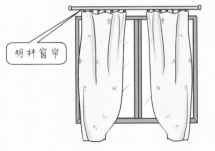

明杆窗帘

暗杆窗帘

窗帘杆安装前，还需要确定好安装高度与宽度。窗帘杆的宽度可以由窗户的宽度决定，一般比窗户宽度两边都会多出20~30mm。窗帘杆的安装高度则有分出明杆和暗杆的不同，明杆的安装高度在吊顶到窗框上方的中间位置，暗杆则在窗帘盒内的顶部，或侧装在窗帘盒内任意部位

6.46　自装窗帘滑道的小窍门

对于只有局部损坏的滑道而言，如果单独让专业人员来安装的话，可能所支付的工钱比你要安装的滑道的价格还要多，与其这样，还不如琢磨琢磨，自己安装。

自装窗帘滑道首先要做的就是定位，画线定位的准确性关系到窗帘安装的成败，首先要测量好固定的孔距以及所需安装滑道的尺寸

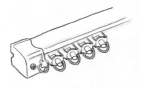

30mm

重窗帘滑道所用的木螺钉规格要不小于30mm，如果是在混凝土结构上安装窗帘滑道，还需加膨胀螺栓

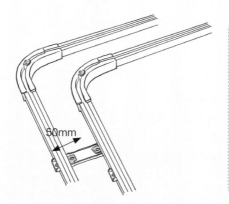

50mm

标准的窗帘双轨滑道，基础宽度一般应在50mm以上，单轨可根据适当情况缩减，落地式窗帘或垂过台面的窗帘，在安装滑道时要让出窗台的宽度，避免窗帘下垂时受阻而显得不雅观

6.47 窗帘挂钩的不同穿法

窗帘挂钩的种类很多，如不锈钢挂钩、水晶挂钩等，而挂钩也有不同的穿法，每种穿法展现出来的视觉效果也不同。

 小褶穿法

这种穿法是四齿钩的4个插脚分别对准布带上所标的序号1、2、3、4洞眼插入，中间不间隔，就穿第3根叉，两个钩子之间要隔3~4个洞眼

② 中褶传统穿法

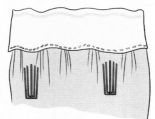

这种穿法是四齿钩的4个插脚分别插入布带上所标的序号1、2、4、5洞眼，两个钩子之间隔4~6个洞眼，一般每米7~8个挂钩

③ 大褶穿法

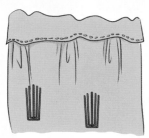

这种穿法是四齿钩的4个插脚分别插入布带上的序号1、3、8、9洞眼，中间隔4个洞眼，就穿第3根叉；两个钩子之间隔6~8个洞眼，这种形式的窗帘的褶皱形似蝴蝶

6.48 波轮式和滚筒式洗衣机的对比选购

　　波轮式洗衣机价格比较便宜，适合洗涤床单、被罩、窗帘以及春秋和冬季穿着的单衣、单裤等；而滚筒式洗衣机可以利用微电脑控制所有功能，清洁性好、衣物也无缠绕，但十分耗时，而且一旦关上门，洗衣过程中也无法打开，适合洗涤羊毛、羊绒以及丝绸、纯毛类等织物。

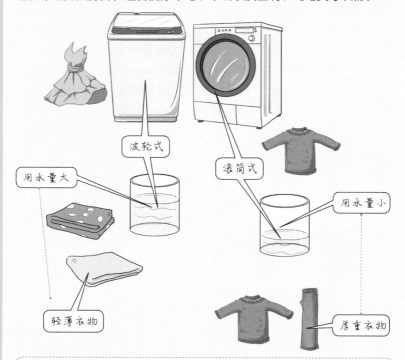

波轮式

滚筒式

用水量大

用水量小

轻薄衣物

厚重衣物

　　波轮式洗衣机的功率一般在400W左右，洗一次衣服最多只要40min，耗电量较滚筒式洗衣机要小，但在用水量上，滚筒洗衣机比较节水，大致为波轮式洗衣机的40%～50%。滚筒式洗衣机的洗净度要稍低于波轮式洗衣机，但波轮式洗衣机的损衣率要高于滚筒式洗衣机。目前波轮式洗衣机的容量为2～6kg，滚筒式洗衣机的容量在3～5kg

6.49 挑选滚筒式洗衣机的方法

滚筒式洗衣机具有低磨损、不缠绕、可洗涤羊绒、真丝织物以及容量大等诸多优点，在目前家居中使用频率相当高。

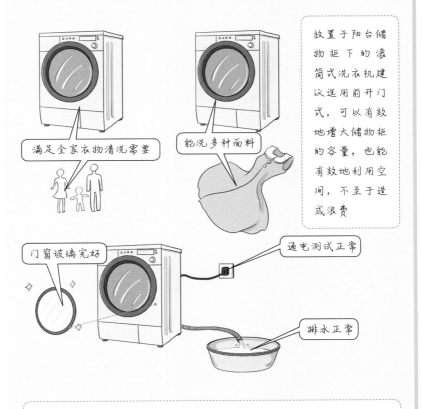

满足全家衣物清洗需要

能洗多种面料

门窗玻璃完好

通电测试正常

排水正常

放置于阳台储物柜下的滚筒式洗衣机建议选用前开门式，可以有效地增大储物柜的容量，也能有效地利用空间，不至于造成浪费

购买滚筒式洗衣机时要检查洗衣机外观，查看机皮是否光洁亮泽，特别是门窗玻璃是否有裂痕，透明度是否清晰，各种功能选择键和旋钮在常态下是否灵活自如，确定购买后可以让工作人员通电试机，检查工作噪声是否过大，震动是否平稳，排水是否通畅等

6.50 电热水器的选购

电热水器的选购不外乎要从安全、价格以及节能等几方面考虑。首要前提是要确保电热水器的内胆长期使用不漏水，另外所选的电热水器还要有防干烧、防超温、防超压装置，如果有漏电保护和无水自动断开以及断电指示功能自然更好。

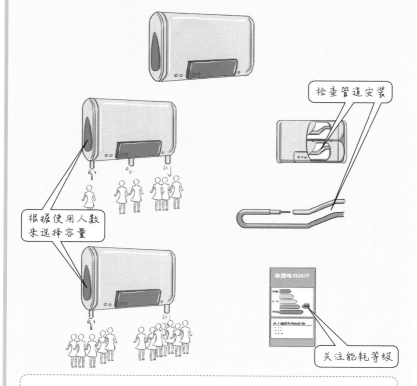

检查管道安装

根据使用人数来选择容量

关注能耗等级

要依据住房情况和使用习惯选择不同容积的电热水器，不要因为贪图便宜而去购买不知名的品牌，购买电热水器之后一定要记得经常检查和清理热水器，出现了问题要及时报修和处理，这样在洗澡的时候，就不用担心可能突然没有热水而被冻得瑟瑟发抖了

6.51　冰箱的选购

　　冰箱的购买取决于房间的空间大小以及房主人的日常生活习惯、经济条件等，首先是在容积的选择上，一般为每个家庭成员准备70～80L的使用容积就已经足够；其次要检查冰箱的能效标识，要选择节能的冰箱，一般将冰箱的能耗分为从1～5共5个等级，只有达到2级以上能耗标准才属于节能产品，低于5级的不准销售。

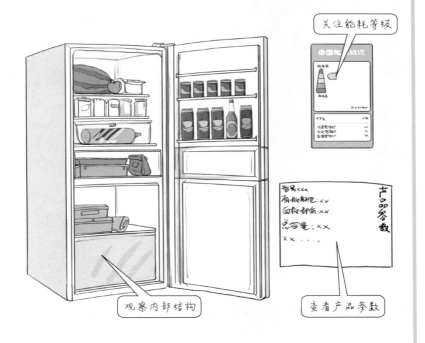

关注能耗等级

观察内部结构

查看产品参数

　　虽然不少冰箱标榜节能功效强大，如每日耗电量0.35kW·h或者每日耗电量0.4kW·h等，这些人人皆知的宣传确实很吸引眼球，但你一定要稳住自己，因为这些冰箱在实际使用时究竟能否达到此标准，是无法得知的，一定要再三对比，再做决定

6.52　空调的选购

　　购买空调，首先要确定空调的机型，要了解空调的制冷、制热能力如何，了解能效等级达到多少才算合适，此外还需结合房间的面积大小以及房间的朝向和空气流通情况来选购。

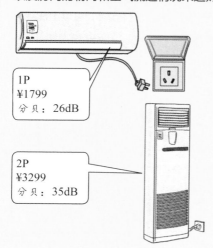

1P
¥1799
分贝：26dB

2P
¥3299
分贝：35dB

分体挂壁式空调可以不受安装位置的限制，更易与室内装饰搭配，噪声也较小

分体立柜式空调功率大、风力强、适合大面积房间，可以进行多个房间调温，但价格相较分体挂壁式空调要贵一些

依据室内功能需要以及室内环境的不同来选择合适的空调，这样达到的效果会更好，空调的利用率也会提高

补充小贴士

不同空调匹数下的制冷、制热面积

空调匹数	制冷面积（m²）	制热面积（m²）	空调匹数	制冷面积（m²）	制热面积（m²）
小1匹	12~17	10~11	2匹	20~30	20~22
大1匹	15~21	13~18	3匹	33~42	27~30
1.5匹	16~28	17~23			

6.53 数字电视的选购

数字电视作为视听设备的一种，屏幕的大小以及清晰度等自然也成为其选购中的重要因素，在选购数字电视时一定要确定好尺寸和品牌，确认其是否是高清电视，是否带有HDMI接口等。

数字电视画面的清晰度是选购数字电视的重点，一般贴有HDTV标志的都是数字信号兼容功能的高清数字电视。数字电视的尺寸大小要根据需求来决定，电视屏幕越大，在观看电视时的最佳观看距离就越大，所需的空间也就越大。但若数字电视的尺寸过大，也很容易在观看的过程中对用户的眼睛造成压迫

补充小贴士

不同尺寸的电视距离沙发的最佳距离

电视尺寸（寸）	离沙发的最佳距离（m）	电视尺寸（寸）	离沙发的最佳距离（m）	电视尺寸（寸）	离沙发的最佳距离（m）
32	2	42	3	50	4
37	2.5	46	3.5	52	4.2
40	2.8	48	3.8	55	4.5

6.54 晾衣架的选购

现在比较常用的晾衣架主要有两种：一种是升降晾衣架，另一种是落地晾衣架，两者各有各的特点。

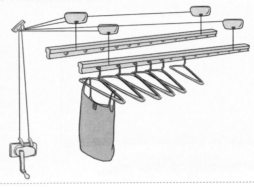

升降式晾衣架的钢丝绳要选又粗又软的；滑轮要选纯铜复合的动滑轮；晾杆材质最好选择钛合金的，厚度要在10～12mm，表面要经过抛光、电镀、喷塑以及电泳处理；手摇器要选择转动顺畅且噪声不大的，膨胀螺栓要选择贴合牢固的，同时具备这些条件的升降式晾衣架才是质量上乘的

落地式晾衣架要选择金属材质的，质地坚固，承重力和稳定性都较好，还要具有很好的防腐性。建议购买可伸缩式和多功能的落地式晾衣架，这种晾衣架使用起来会更方便

6.55 看好家具尺寸，并记录

◎ 选购家具时记录其尺寸有什么用？

☆ 可以将记录下来的尺寸模拟化，虚拟出将来室内的摆设情况，这样你
才会知道所选的家具尺寸是否合适。

◎ 每一个都要记录吗？

☆ 尺寸比较大的建议还是记录在册，小尺寸的可以估计，以免后期家具
进场，结果发现放不下，那多尴尬。

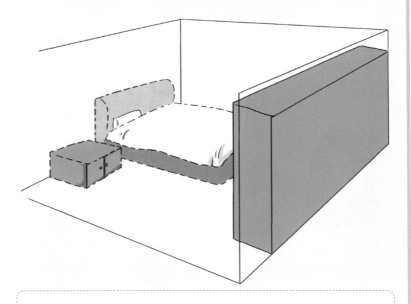

记录尺寸，并模拟陈设的目的在于更好地进行家居环境布置，这样
也能够更清晰地看到家具放置于此处是否合适，所预留的行走通道
是否便于多人行走，家具的尺寸放置于室内空间中时是否会使整体
环境显得压抑与沉闷，家具的样式、色彩等是否符合家居室内设计
风格等。这些记录在册的尺寸在选购家具时也能帮助你更快地选择
到合适的家具

6.56 多去家具市场逛

对于家居环境中的主要家具，如沙发、床、餐桌椅、橱柜等最好提前多看看，如果觉得四处跑太累，建议找几个购物环境好的大型家居广场逛逛，有针对性地购物会比较容易购买到心仪的物品。

在购物过程中你要做的就是根据自己预想的风格慢慢筛选出合适的家具，也许你对款式比较重视，又或者你对色彩搭配比较重视，这些都不是问题，你可以慢慢挑选，只要所选的家具与室内整体环境的色彩相匹配即可

6.57　不好搬运的家具就近购买

　　有些商家是提供免费送货上门服务的，但这些都是有路程限制的，如果你家距离一些家具市场太远，你又担心运费和那些难搬运的家具会磕碰，那么建议你还是在附近购买比较好，这样一旦家具出现问题，也好及时和店家沟通。

一般只有家具总价达到一定金额才会免费配送，大部分商家都会依据商品的价格、重量以及距离的远近来决定要不要收费

完好无损

到家就破

类似于玻璃、镜子等易碎品，建议还是在家附近购买，以免路途颠簸，导致商品破裂

6.58 床板一般用杉木板最好

要达到更好的睡眠效果，增强床板的使用寿命，床垫下方和床板之间一定要透气，一般建议使用杉木板做床板。

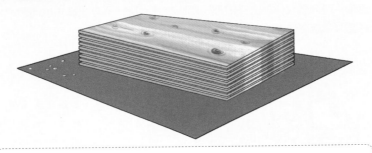

杉木具备良好的防潮、除湿等性能，材质也比较轻韧，富有弹性，强度适中，不翘不裂

杉木床板在外观上体现了一种纯粹的自然风格，原有色彩也展现得淋漓尽致，看起来非常自然、和谐，使用杉木所做的床板基本不会添加任何的辅助剂，环保系数相对较高

6.59　客厅家具陈设注意事项

　　要想客厅摆设适当，充满美感，首先家具就需要与整体风格相搭配，可以按照个人的生活习惯来布置，这样也会方便在客厅的活动，客厅还需要有适当的绿植来做衬托，以此增强客厅的生气。

　　在进行客厅家具摆设时可以将家具按照功能来进行分类，例如具备休闲功能的一类，储物功能的一类等，也可以依照使用频率来分类。此外，家具陈设还要有一定的顺序，不能随意摆设

6.60　卧室陈设的相关禁忌

　　卧室是休息的地方，在摆放家具时要注意的事项就更多了。现代人大部分都已经开始讲求风水摆设，在进行卧室陈设时有些禁忌还是不要破坏得好。

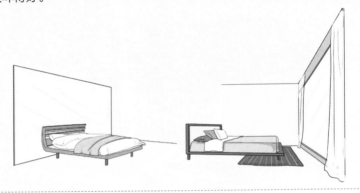

　　卧室内的床不要离玻璃窗太近，卧床过分地靠近窗户不仅寓意不好，也不能很好地保持卧室的私密性，而且窗外的噪声也会影响睡眠

　　卧室内也不适合摆放花草，尤其是这些花草可能在客厅的也有放置，可能你会觉得这样比较好看，但实际上植物夜间是需要氧气来促进其生长的，卧室内放置花草可能会导致睡觉时心闷，影响人的睡眠

6.61 书房陈设注意事项

书房中，最重要的家具就是书桌和书柜了，可能有些书房还会配备有榻榻米和沙发，在进行书房陈设时要控制好这些家具的相对关系，使得书房整体从视觉上感觉十分整洁。

书柜应该靠近书桌，这样会比较方便取书，并且书柜中可以预留出一些空格来放置一些艺术品，以此来活跃书房的气氛。书柜建议靠墙摆放，这样也会比较稳定，建议书桌不要摆放在梁下，这样会对读书者产生压迫感，影响其学习

我的小家就是不一样

后　记

　　应广大粉丝们的要求，在《我的小家就要大收纳》热销之后，我们接着推出这本《家居装修必知的200个要点》。十年来的装修设计、施工经验，让我们总结下来了这200个要点，希望不会让粉丝们失望。

　　装修的细节要点数不胜数，一不留神就可能"误入歧途"。总结之后，我们发现这些要点都具备一个相同的规律，那就是这些要点都出现在装修过程中，都是些突如其来的变化，让人防不胜防。原因在于装修业主没有丰富的经验。本书将这些突如其来的问题，全部妥善解决，同时也能给粉丝们提供一套完整的解决问题的方法，了解了这些方法也就具备了装修经验。

　　装修经验是从装修中来，再回到装修中去，是我们大家体验生活，提升生活品质的重要方法。如果您有更好的妙招来解决装修中遇到的问题和困难，可以与我们取得联系，保持沟通，共勉共进。来访信件请发送至邮箱designviz@163.com。

　　本书在编写过程中得到了广大同事同仁的帮助，感谢（不分先后）万丹、汤留泉、董豪鹏、雷庆平、杨清、万阳、张慧娟、彭尚刚、张达、金露、张泽安、湛慧、万财荣、杨小云、吴翰、董雪、丁嘉慧、黄缘、刘洪宇、张风涛、肖洁茜、谭俊洁、程明、彭子宜、李紫瑶、王灵毓、李婧妤、张伟东、聂雨洁、于晓萱、宋秀芳、蔡铭、戴立、匡佳丽，感谢他们提供素材稿件。

编者
2019.9

237